直升机旋翼气动特性风洞试验技术

Wind Tunnel Test Technology of Helicopter Rotor Aerodynamic Characteristics

黄明其 袁红刚 武 杰 著

国防工业出版社

·北京·

图书在版编目(CIP)数据

直升机旋翼气动特性风洞试验技术/黄明其,袁红刚,武杰著.—北京:国防工业出版社,2022.1
 ISBN 978 – 7 – 118 – 12407 – 1

Ⅰ.①直… Ⅱ.①黄… ②袁… ③武… Ⅲ.①直升机 – 旋翼 – 气动特性 – 风洞试验 Ⅳ.①V275

中国版本图书馆 CIP 数据核字(2021)第 212787 号

※

*国防工业出版社*出版发行

(北京市海淀区紫竹院南路 23 号 邮政编码 100048)
三河市腾飞印务有限公司印刷
新华书店经售

*

开本 710×1000 1/16 插页 9 印张 14¾ 字数 245 千字
2022 年 1 月第 1 版第 1 次印刷 印数 1—2000 册   定价 138.00 元

(本书如有印装错误,我社负责调换)

| 国防书店:(010)88540777 | 书店传真:(010)88540776 |
| 发行业务:(010)88540717 | 发行传真:(010)88540762 |

致 读 者

本书由中央军委装备发展部**国防科技图书出版基金**资助出版。

为了促进国防科技和武器装备发展，加强社会主义物质文明和精神文明建设，培养优秀科技人才，确保国防科技优秀图书的出版，原国防科工委于1988年初决定每年拨出专款，设立国防科技图书出版基金，成立评审委员会，扶持、审定出版国防科技优秀图书。这是一项具有深远意义的创举。

国防科技图书出版基金资助的对象是：

1. 在国防科学技术领域中，学术水平高，内容有创见，在学科上居领先地位的基础科学理论图书；在工程技术理论方面有突破的应用科学专著。

2. 学术思想新颖，内容具体、实用，对国防科技和武器装备发展具有较大推动作用的专著；密切结合国防现代化和武器装备现代化需要的高新技术内容的专著。

3. 有重要发展前景和有重大开拓使用价值，密切结合国防现代化和武器装备现代化需要的新工艺、新材料内容的专著。

4. 填补目前我国科技领域空白并具有军事应用前景的薄弱学科和边缘学科的科技图书。

国防科技图书出版基金评审委员会在中央军委装备发展部的领导下开展工作，负责掌握出版基金的使用方向，评审受理的图书选题，决定资助的图书选题和资助金额，以及决定中断或取消资助等。经评审给予资助的图书，由中央军委装备发展部国防工业出版社出版发行。

国防科技和武器装备发展已经取得了举世瞩目的成就，国防科技图书承担着记载和弘扬这些成就，积累和传播科技知识的使命。开展好评审工作，使有限的基金发挥出巨大的效能，需要不断摸索、认真总结和及时改进，更需要国防科技和武器装备建设战线广大科技工作者、专家、教授，以及社会各界朋友的热情支持。

让我们携起手来，为祖国昌盛、科技腾飞、出版繁荣而共同奋斗！

国防科技图书出版基金
评审委员会

国防科技图书出版基金
2019 年度评审委员会组成人员

主 任 委 员	吴有生
副主任委员	郝 刚
秘 书 长	郝 刚
副 秘 书 长	刘 华　袁荣亮

委　　　员　于登云　王清贤　王群书　甘晓华　邢海鹰
（按姓氏笔画排序）刘　宏　孙秀冬　芮筱亭　杨　伟　杨德森
　　　　　　　肖志力　何　友　初军田　张良培　陆　军
　　　　　　　陈小前　房建成　赵万生　赵凤起　郭志强
　　　　　　　唐志共　梅文华　康　锐　韩祖南　魏炳波

序

  旋翼是直升机的关键动部件，代表了直升机的特色，是直升机区别于飞机的重要标志。旋翼技术复杂，包括空气动力学、结构动力学的设计、计算、试验和试飞等研究工作，旋翼气动试验技术是探索流动机理、改进气动布局、验证气动设计的经济、安全、高效的研究方法，也是直升机设计的基础。由中国空气动力研究与发展中心黄明其、袁红刚、武杰撰写的《直升机旋翼气动特性风洞试验技术》一书，是作者长期从事直升机旋翼风洞试验技术和气动特性预先研究工作成果的总结。

  全书以直升机旋翼气动特性风洞试验技术为主线，深入阐述与旋翼翼型、旋翼气动布局、旋翼流动机理及旋翼桨叶铰链力矩等研究相关的风洞试验技术；重点分析在直升机悬停、前飞、垂直升降时旋翼的流动机理、气动特性以及旋翼和其他部件的气动干扰研究方面的成果和方法；初步构建旋翼风洞试验研究数据处理、数据修正的基本方法和框架。

  风洞试验、理论计算、试飞飞行是旋翼气动设计及相关技术发展的重要组成部分。尽管风洞试验花费的时间和费用较大，但是在直升机研发进入更昂贵、技术风险重大的飞行试验前，风洞试验无疑是评估旋翼性能、空气动力特性、噪声及振动特性的低风险、高效率的地面试验手段，能够确定直升机构型和总体气动布局的气动特性，解决型号设计中的气动载荷、操作品质和稳定性等具体问题。

  验证气动设计、优化气动构型、研究已知现象、探求意料不到的现象，正是旋翼气动特性风洞试验的魅力所在。试验揭示复杂流动流场的可视化技术、定量载荷配平的旋翼风洞试验方法，为推动旋翼气动设计、分析技术的提升，实现自主创新能力的跨越式发展，摆脱关键核心技术受制于人的被动局面提供有益的帮助。

  该书可供直升机设计、制造、使用、教学单位的技术人员参考。值此出版之际，欣然为之代笔作序。

吴希明

2021 年 12 月于北京

前言

直升机作为20世纪航空技术极具特色的创造之一，广泛地应用在运输、巡逻、旅游、救护等多个领域。旋翼是直升机的主要升力部件，旋翼转轴近于铅直，产生向上的拉力以克服机重。同时，旋翼又可通过操纵机构，产生向前、向后、向左、向右的水平分力，使得直升机能垂直起落、空中悬停、向前后左右各个方向飞行。

旋翼空气动力学特性十分复杂，决定着直升机的性能、飞行品质，也是直升机振动、噪声的主要根源。然而，对旋翼的空气动力现象及本质的了解并非易事。原因在于，飞行时旋转的翼面即桨叶在空气中激起的尾涡，不像固定机翼的近于平直涡面那样，而是以近于螺旋涡面方式在桨盘下方和后方周期往返。这样，旋翼受其尾涡影响严重，加之桨叶本身细长而柔软，旋翼或桨叶的气动特性及气弹特性十分复杂。

本书通过旋翼、翼型、桨叶铰链力矩等研究相关的风洞试验技术介绍，阐述试验研究直升机悬停、配平飞行、垂直升降时旋翼的流动机理和气动特性的途径方法，尝试用流场可视化技术揭开旋翼复杂流动的奥秘，研究已知现象、探求意料不到的现象，用配平飞行的旋翼风洞试验数据验证气动设计、优化气动构型，为推动旋翼气动设计、分析技术的提升，实现自主创新能力的跨越式发展提供助力。

本书的第1章、第2章、第3章、第7章由黄明其编写，第4章、第5章、第6章由袁红刚编写，第8章、第9章由武杰编写。

由于我们业务水平有限，经验不足，书中一定会存在一些错误和缺点。殷切期望从事直升机气动力工作的广大科技工作者和师生，及时把批评和建议告诉我们，以便今后修改、提高。

作者
2021年6月

目录

第1章 绪论 ··· 1

1.1 旋翼桨叶翼型的发展 ··· 3
1.2 前飞时旋翼桨叶气动特性 ··· 6
1.3 桨尖形状 ·· 8
1.4 旋翼气动力风洞试验研究的主要问题 ·· 11

第2章 旋翼气动力风洞试验基础 ·· 14

2.1 旋翼气动力试验的相似准则 ·· 14
  2.1.1 试验相似的必要性 ·· 14
  2.1.2 试验中主要的相似准则 ·· 14
2.2 试验准备 ·· 18
  2.2.1 试验装置的装配 ··· 18
  2.2.2 运转前的检查 ·· 18
  2.2.3 旋翼桨叶共锥度 ··· 19
  2.2.4 数据质量控制 ·· 20
  2.2.5 数据的预判 ··· 21
2.3 旋翼风洞试验 ·· 22
  2.3.1 旋翼试验的效率 ··· 22
  2.3.2 影响旋翼试验数据质量的因素 ··· 23
  2.3.3 定载荷配平前飞试验 ··· 25
2.4 旋翼气动力风洞试验规范 ··· 28
  2.4.1 基本要求 ·· 28
  2.4.2 试验程序 ·· 29
  2.4.3 数据采集和处理 ··· 32

  2.4.4 试验报告的编写 ································· 34
  2.4.5 技术文件的交付与归档 ···························· 34
 2.5 发展趋势分析 ·· 35

第3章 旋翼气动特性风洞试验装置 ······················ 36

 3.1 旋翼试验装置基本构成 ································ 36
  3.1.1 数据采集和监视系统 ······························ 37
  3.1.2 旋转信号传输系统 ································ 39
  3.1.3 旋翼操纵控制系统 ································ 41
  3.1.4 动力传动系统 ···································· 43
 3.2 国内外旋翼试验装置概览 ······························ 44
  3.2.1 美国旋翼试验装置 ································ 44
  3.2.2 欧洲旋翼试验台 ·································· 46
  3.2.3 俄罗斯旋翼试验装置 ······························ 49
  3.2.4 国内主要旋翼试验台 ······························ 49
 3.3 发展趋势分析 ·· 53

第4章 旋翼气动性能试验研究 ·························· 55

 4.1 旋翼悬停状态地面效应及性能试验研究 ·················· 55
  4.1.1 试验设备简介 ···································· 56
  4.1.2 试验及数据处理 ·································· 57
  4.1.3 试验结果及结论 ·································· 59
 4.2 旋翼前飞性能试验研究 ································ 62
  4.2.1 试验情况简介 ···································· 62
  4.2.2 试验结果及分析 ·································· 64
 4.3 直升机模型风洞试验数据相关性 ························ 65
  4.3.1 试验情况 ·· 66
  4.3.2 试验结果分析 ···································· 67
  4.3.3 结论 ·· 73
 4.4 不同桨尖旋翼悬停及前飞性能试验研究 ·················· 73
  4.4.1 试验情况 ·· 74
  4.4.2 试验结果及结论 ·································· 74

4.5 旋翼垂直升降性能试验研究 ··· 78
    4.5.1 试验设备简介 ··· 78
    4.5.2 试验及数据处理 ·· 80
    4.5.3 试验结果及分析 ·· 82
    4.5.4 结论 ··· 85
4.6 发展趋势分析 ··· 86

第5章 风洞试验数据修正研究 ·· 88

5.1 旋翼翼型高速风洞试验壁压法修正研究 ······························ 89
    5.1.1 旋翼翼型壁压测量试验 ·· 89
    5.1.2 简化的单线性壁压信息法 ······································· 93
    5.1.3 结论 ··· 98
5.2 旋翼模型试验数据 Re 数修正研究 ······································ 98
    5.2.1 悬停效率的 Re 数效应估算方法 ······························· 98
    5.2.2 等效升阻比的 Re 数效应估算方法 ··························· 100
    5.2.3 悬停性能修正 ··· 101
    5.2.4 前飞性能修正 ··· 103
    5.2.5 结论 ·· 105
5.3 旋翼风洞试验洞壁干扰修正研究 ······································ 105
    5.3.1 Heyson 修正方法 ··· 106
    5.3.2 修正因子计算及试验结果的修正 ······························ 108
    5.3.3 结论 ·· 111
5.4 发展趋势分析 ··· 111

第6章 直升机气动干扰试验研究 ··· 113

6.1 悬停及前飞状态下旋翼/机身气动干扰研究 ························· 113
    6.1.1 试验模型及设备 ·· 113
    6.1.2 试验结果及讨论 ·· 114
    6.1.3 结论 ·· 119
6.2 直升机各部件间气动干扰特性试验研究 ····························· 119
    6.2.1 试验情况 ·· 120
    6.2.2 试验结果及讨论 ·· 120

6.2.3 结论 ··· 147
6.3 发展趋势分析 ··· 147

第 7 章 旋翼桨叶的铰链力矩试验研究 ································· 149

7.1 研究目的和意义 ··· 149
7.2 桨叶铰链力矩分析 ·· 150
    7.2.1 构成桨叶铰链力矩的基本元素 ····························· 150
    7.2.2 研究桨叶铰链力矩的理论模型 ····························· 151
7.3 铰链力矩的数学解析 ··· 152
7.4 桨叶铰链力矩试验研究 ·· 155
7.5 试验结果及分析 ··· 156
7.6 发展趋势分析 ·· 159

第 8 章 旋翼翼型气动力风洞试验 ··· 160

8.1 国外翼型试验情况 ·· 160
8.2 翼型静态风洞试验技术 ·· 162
    8.2.1 国内翼型试验主力风洞 ······································ 162
    8.2.2 试验技术精细化 ··· 163
8.3 旋翼翼型静态风洞试验 ·· 167
8.4 旋翼翼型动态特性风洞试验 ·· 168
    8.4.1 旋翼翼型动态试验装置和技术现状 ······················· 168
    8.4.2 影响旋翼翼型动态失速的关键参数 ······················· 171
8.5 发展趋势分析 ·· 173

第 9 章 旋翼流场测量研究 ··· 175

9.1 旋翼流场测量研究的意义 ··· 176
9.2 旋翼流场测量研究的主要方法 ··· 177
9.3 粒子图像测速仪的测量原理 ·· 178
9.4 悬停旋翼桨尖流场 ·· 180
9.5 垂直下降旋翼桨尖流场 ·· 182
9.6 前飞旋翼流场的 PIV 测量 ··· 189

9.7 涡核后处理方法 ·· 195
　9.7.1 桨尖涡的轨迹 ·· 196
　9.7.2 桨尖涡的涡核模型 ···································· 200
9.8 发展趋势分析 ·· 202

参考文献 ··· 204

Contents

Chapter 1 Exordium 1

    1.1 The development of rotor blade airfoil 3
    1.2 Rotor blade aerodynamics in forward flight 6
    1.3 Shape of blade tip 8
    1.4 The main problems of rotor aerodynamics research in wind tunnel tests 11

Chapter 2 Basic aerodynamics in rotor wind tunnel tests 14

    2.1 Similarity criteria in rotors aerodynamics tests 14
        2.1.1 Necessity of test similarity 14
        2.1.2 Main similarity criteria in the test 14
    2.2 Test preparation 18
        2.2.1 Assembling of test facility 18
        2.2.2 Check before operation 18
        2.2.3 Conical degree consistence of rotor blades 19
        2.2.4 Quality control of test data 20
        2.2.5 Prognosis of test data 21
    2.3 Rotor wind tunnel tests 22
        2.3.1 The efficiency of rotor test 22
        2.3.2 A few factors that influence data quality of rotor test 23
        2.3.3 Trimmed forward flight test under specified loads ... 25
    2.4 Wind tunnel norm for rotor aerodynamics tests 28
        2.4.1 Basic requirements 28
        2.4.2 Test procedure 29

2.4.3	Data collection and processing	32
2.4.4	Compilation of test report	34
2.4.5	Technical documents' delivery and filing	34
2.5	Analysis of development trend	35

Chapter 3 Wind tunnel tests facilities for rotor aerodynamics ············ 36

3.1	Basic components of the rotor tests facilities	36
3.1.1	Data collection and surveillance system	37
3.1.2	Transmission system of rotating signal	39
3.1.3	Manipulate and control system of rotor	41
3.1.4	Transmission system of power	43
3.2	Overview of the foreign rotor tests facilities	44
3.2.1	Rotor test facilities in America	44
3.2.2	Rotor test facilities in Europe	46
3.2.3	Rotor test facilities in Russia	49
3.2.4	Rotor test facilities in China	49
3.3	Analysis of development trend	53

Chapter 4 Rotor aerodynamic performance research ············ 55

4.1	Ground effect and performance test for Rotors hover status	55
4.1.1	Brief introduction of test facility	56
4.1.2	Test and data processing	57
4.1.3	Test result and conclusion	59
4.2	Performance test for rotors forward flight status	62
4.2.1	Brief introduction of the test	62
4.2.2	Test result and analysis	64
4.3	Relativity of helicopter model wind tunnel tests data	65
4.3.1	Brief introduction of the test	66
4.3.2	Test result and analysis	67
4.3.3	Conclusion	73
4.4	Rotor performance tests for hover and forward flight status with	

  different blade tips ········· 73
   4.4.1 Brief introduction of the test ········· 74
   4.4.2 Test result and analysis ········· 74
 4.5 Rotor performance tests for vertical ascend and descend ······ 78
   4.5.1 Brief introduction of test facility ········· 78
   4.5.2 Test and data processing ········· 80
   4.5.3 Test result and analysis ········· 82
   4.5.4 Conclusion ········· 85
 4.6 Analysis of development trend ········· 86

Chapter 5 Data correction research for wind tunnel tests ········· 88

 5.1 Wall pressure correction research for high−speed wind tunnel tests ········· 89
   5.1.1 Wall pressure measurement test of rotor airfoil ········· 89
   5.1.2 Simplified single linear wall pressure signal method ········· 93
   5.1.3 Conclusion ········· 98
 5.2 Re number correction research for rotor model test data ······ 98
   5.2.1 Re number effect estimation method for hovering efficiency ······ 98
   5.2.2 Re number effect estimation method for equivalent lift − drag ratio ········· 100
   5.2.3 Correction for hovering performance ········· 101
   5.2.4 Correction for forward flight performance ········· 103
   5.2.5 Conclusion ········· 105
 5.3 Wall interference correction research for rotor model test data ········· 105
   5.3.1 Heyson's correction method ········· 106
   5.3.2 Correction factor calculation and correction for test result ······ 108
   5.3.3 Conclusion ········· 111
 5.4 Analysis of development trend ········· 111

Chapter 6 Helicopter aerodynamic interference test research ········· 113

 6.1 Rotor/fuselage aerodynamic interference test research for hover

  and forward flight status ……………………………………… 113
  6.1.1 Test model and facility ……………………………………… 113
  6.1.2 Test result and discussion ………………………………… 114
  6.1.3 Conclusion …………………………………………………… 119
6.2 Helicopter components aerodynamic interference characteristics test research ………………………………………………………… 119
  6.2.1 Brief introduction of the test …………………………… 120
  6.2.2 Test result and discussion ………………………………… 120
  6.2.3 Conclusion …………………………………………………… 147
6.3 Analysis of development trend ……………………………………… 147

Chapter 7 Rotor blade's link – hinge moment test research ………… 149

7.1 The purpose and meaning of research …………………………… 149
7.2 Analysis of blade link – hinge moment …………………………… 150
  7.2.1 basic elements that constitutes blade link – hinge moment …… 150
  7.2.2 Theoretical model of blade link – hinge moment research ……… 151
7.3 Mathematics of blade link – hinge moment ……………………… 152
7.4 Blade link – hinge moment test research ………………………… 155
7.5 Test results and analysis …………………………………………… 156
7.6 Analysis of development trend ……………………………………… 159

Chapter 8 Rotor airfoil aerodynamics wind tunnel tests ……………… 160

8.1 Overview of the foreign airfoil tests ……………………………… 160
8.2 Static wind tunnel test techniques of the airfoil ………………… 162
  8.2.1 Domestic main wind tunnels for airfoil test ………… 162
  8.2.2 Refinement of testing technique ………………………… 163
8.3 Static wind tunnel test of the airfoil ……………………………… 167
8.4 Dynamic wind tunnel tests of the airfoil ………………………… 168
  8.4.1 Rotor airfoil dynamic test facility and technical state of the art ……………………………………………………… 168
  8.4.2 Key parameters that influence the dynamic stall of rotor airfoil ………………………………………………………… 171

8.5　Analysis of development trend ……………………………… 173

Chapter 9　Rotor flow measurement research …………………………… 175

9.1　The meaning of rotor flow measurement research …………… 176
9.2　The main method of rotor flow measurement research ……… 177
9.3　Principle of PIV measurement ………………………………… 178
9.4　Rotor blade tip flow field under hover status ………………… 180
9.5　Rotor blade tip flow field under descending status ………… 182
9.6　Rotor flow field under forward flight status ………………… 189
9.7　Post–process methods of vortex core …………………………… 195
　　9.7.1　Trajectory of blade tip vortex ………………………… 196
　　9.7.2　Core model of blade tip vortex ………………………… 200
9.8　Analysis of development trend ………………………………… 202

References ……………………………………………………………… 204

XXI

第1章
绪　论

公元前400年,中国的竹蜻蜓(又称为"飞螺旋"或"中国陀螺")应该是旋翼飞行器的雏形,它有一轻薄的叶片,一根细长的竹棍,竹棍插在叶片的中间位置,当用力搓动竹棍,它就会飞向空中。受竹蜻蜓的启发,人们制作了许多垂直飞行模型,用来探索直升机的飞行。

1900年,法国飞机设计师布雷盖·里歇制造了一架最初的旋翼机——"布雷盖·里歇"1号旋翼机,在高度1m进行了1s的系留飞行,实现了垂直升空;1907年,法国设计师保罗·科尔尼制成了一架"飞行自行车",靠自身动力离开地面0.3m,完成了垂直升空,连续飞行20s,实现了自由飞行;此后,众多设计师分别以各自的方式探索直升机的飞行,但都未获得成功。

1936年,德国福克公司制造的FW-61直升机,在1937年的柏林博览会上,由汉纳·赖奇驾驶,成功地完成了100多千米的直线飞行,创造了直升机航程世界纪录。这是一架双旋翼横列式直升机,装有两副三桨叶旋翼,旋翼直径为7m,具有尖削平面形状的桨叶,通过挥舞铰和摆振铰连接到桨毂上,用自动倾斜器进行纵向操纵,通过两副旋翼朝不同方向倾斜实现偏航操纵,旋翼桨叶总距固定不变,通过改变旋翼转速来改变旋翼拉力,利用方向舵和水平尾翼来增加稳定性。

1939年,美国的伊戈尔·西科斯基完成了VS-300直升机的全部设计制造工作,装有三片桨叶的旋翼,直径为8.5m,尾部装有两片桨叶的尾桨。这种单旋翼带尾桨直升机构型成为现在常见的直升机模型。自首次系留飞行以来,西科斯基不断对VS-300直升机进行改进,逐步加大发动机的功率。1940年5月13日,VS-300直升机进行了首次自由飞行。单旋翼带尾桨布局形式,具备了现代单旋翼带尾桨布局形式直升机的基本特点。

如今,直升机研发已经形成了独立的直升机工业体系,传统的直升机已经拓展为旋翼飞行器的概念,旋翼的飞行包线不断拓展,涌现了多种布局形式、多种任务用途的直升机,并广泛应用于军事和经济建设等领域。与此同时,直升机气动性能研究尤其是旋翼的气动性能研究得到了快速发展,如在旋翼桨叶气动外形设计上。

法国"海豚"直升机旋翼桨叶(图1-1)采用了自行研发的OA 2族翼型,并沿桨叶展长布置了三种厚度的翼型,从半径的28%处开始到73%处是相对厚度为12%,然后过渡到半径88%处的相对厚度为9%,最后过渡到桨尖处相对厚度为7%,从旋翼直径11.68m到11.93m范围采用了后掠桨尖(后掠45°)。

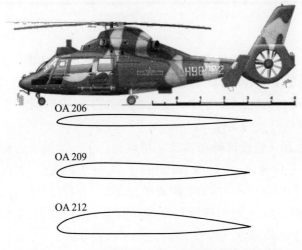

图1-1 法国"海豚"直升机及其旋翼桨叶翼型

英国为了发展旋翼桨叶空气力学和工程制造技术,实施了英国实验旋翼计划(British Experimental Rotor Programme,BERP)。"山猫"直升机(图1-2)旋翼桨叶采用形如蹼状、前缘下垂的BERP桨尖以及RAE96翼型族,这种桨尖形状和先进翼型分布的桨叶(图1-3)既推迟了前行桨叶激波失速,又延缓了后行桨叶气流分离,于1986年8月11日创造了400.87km/h的世界纪录。BERP Ⅳ阶段的研究成果成功应用于AW101验证直升机上,而且,赢得美国总统"海军一号"竞标的US101直升机,就是应用了BERP Ⅳ旋翼桨叶(图1-3)。

正是这些方面的持续研究,旋翼气动特性才得以持续改善,不断拓展了直升机的应用空间。本章通过对直升机旋翼气动设计研究进行概要性的描述,以期增强对旋翼系统基本气动元素的了解,进而明确旋翼气动力风洞试验研究的主要对象以及要达到的任务目的。

图1-2 韦斯特兰"山猫"直升机(BERP Ⅲ)

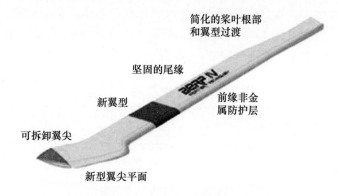

图1-3 BERP Ⅳ 旋翼桨叶

1.1 旋翼桨叶翼型的发展

翼型是构成直升机旋翼桨叶的基石,旋翼翼型的发展随着人们对直升机研发的深入而不断进步。旋翼桨叶的气动设计,兼顾桨叶前行时的高亚声速甚至跨声速特性和桨叶后行时的低速大迎角失速特性,如何同时满足既推迟阻力发散马赫数,又提高低速大迎角失速特性,是旋翼翼型研发的难题。参考飞机机翼设计,类似于高亚声速运输飞机机翼相同的超临界翼型设计应用于旋翼桨叶前行边,可以有效地推迟阻力发散马赫数;失速特性相对较好的拱形翼型应用于桨叶后行边,可以有效地提高最大升力。这两项措施的综合运用,才能适应直升机工作环境。

20世纪40年代,旋翼桨叶设计基本上都采用NACA对称翼型系列,NACA0012翼型是当时直升机桨叶的标准配置,其优点是上下对称,零升俯仰力矩系数C_{mo}为零,而且相对于正负迎角的升阻特性对称;不足的是它的最大升力系数C_{lmax}过低。

20世纪60年代,桨叶开始采用"前缘下垂"翼型,如NACA23012翼型。前缘下垂翼型的C_{lmax}(在$Re=6\times10^6$时)要比对称翼型的高10%以上,最小阻力系数C_{dmin}也与对称翼型相当,零升俯仰力矩系数很小。

西科斯基公司为了提高"黑鹰"直升机旋翼在各种使用条件下的性能,旋翼桨叶首次选用了弯曲翼型SC-1095,SC-1095翼型与早期的NACA0012翼型相比,最大升力系数增加了10%~20%,阻力发散马赫数边界增大了4%~7%,俯仰力矩很低,从两个方面提高了悬停性能:一是最大升力系数较高,产生升力较大;二是负俯仰力矩增加了桨叶固有的负扭转。进一步,为了解决旋翼瞬态升力不足,不能达到设计要求的高机动性问题,研发了"前缘下垂"翼型SC-1094 R8,并布置在桨尖失速区内侧(图1-4),确保在前行边工作时既不出现压缩性问题又能产生大升力,这种附加的下垂前缘位于SC-1095翼型的前缘,基本形状类似于NACA23012翼型对应部分,如图1-5所示。

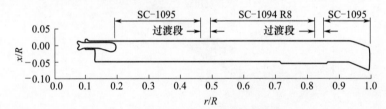

图1-4 "黑鹰"直升机旋翼桨叶翼型配置

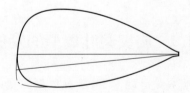

图1-5 SC-1094 R8翼型和SC-1095翼型外形对比

随着对直升机性能的要求越来越高,特别是空气压缩性对翼型的影响越来越重要,到了20世纪70年代,国外一些直升机主研单位及研究院都按照"超临界翼型"的思路,研发了自己的独家翼型族(图1-6),如美国波音·伏托尔公司的VR系列和西科斯基公司的SC系列,法国宇航院的OA系列及俄罗斯中央空气流体动力研究院(TsAGI)的TsAGI系列等,并且在桨叶气动设计时,通过不同的翼型组合应用,实现了旋翼在较宽的马赫数范围内都有较好的气动特性。

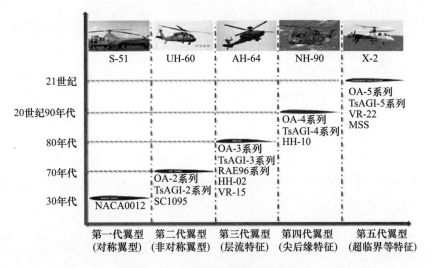

图1-6 直升机旋翼翼型的发展

图1-7给出了桨叶翼型气动特性的对比,从图中可以大致看出翼型发展的大致趋势。总体来讲,为了适应现代直升机的旋翼气动设计的要求,对于旋翼翼型的设计和改进应关注五点:一是在较宽的 Ma 数范围内,有较高的静态和动态最大升力系数,以适应机动过载状态;二是在较高的 Ma 数及小迎角时,有较大的阻力发散 Ma 数,以推迟前行桨叶激波失速;三是在中等 Ma 数及中等迎角时,有较高的升阻比,以提高旋翼的悬停效率;四是在较低的 Ma 数及大迎角时,有较好的失速特性,以延缓后行桨叶的气流分离;五是在整个飞行包线内,有较小的俯仰力矩系数,以降低桨叶的操纵负荷。

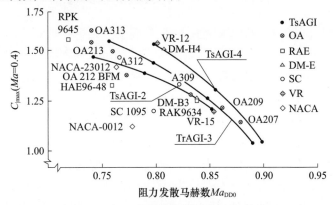

图1-7 直升机旋翼翼型气动特性的对比

1.2 前飞时旋翼桨叶气动特性

旋翼在旋转和前进过程中,处于挥舞、摆振、变距等耦合运动之中,使其所处的气动环境(图1-8)非常复杂,具有三维、非定常、非线性、流动-结构耦合等特点,导致了旋翼气动性能呈现出特殊的动态特性。特别是直升机大速度飞行状态,桨叶截面的迎角随方位角呈正弦规律变化,瞬时动压急剧变化,旋翼前行侧桨叶的桨尖附近会出现跨声速流,流动具有严重的非定常性和三维特性,导致激波诱导前缘分离引起的动态失速;在后行侧,由于桨叶挥舞和变距的影响,桨叶通常工作在很高的迎角状态,流动具有大范围的分离特性,导致大迎角流动分离引起的动态失速。

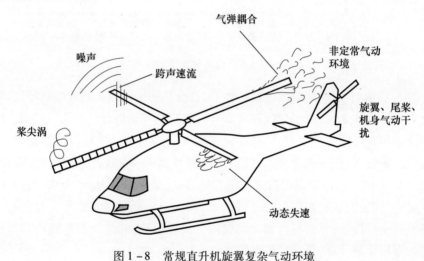

图1-8 常规直升机旋翼复杂气动环境

由此可见,即使当直升机定常前飞时,旋翼上所有桨叶剖面的迎角仍处在周期性振荡状态。尽管静态试验结果是非常准确的,但不能依此给出精确的 C_{lmax} 值,因为旋翼桨叶的失速是桨叶穿过后行区域时迎角的改变引起的,并且是动态的。

图1-9给出了某一旋翼在 $\mu=0.3$ 状态旋转平面上的迎角分布。由图可以看出,同一片桨叶的各个不同剖面在不同的迎角下工作,即使同一剖面,在不同方位角处迎角也不同,即在旋转中剖面迎角做周期变化,变化幅度在10°以上。特别地,当桨叶运行至90°方位区域(前行侧)时,为了适应高亚声速的环境,桨叶迎角很小,运行至270°方位(后行侧)时,迎角由桨尖到桨叶中部从11°变化到15°,以适应后行时低速大迎角的要求。

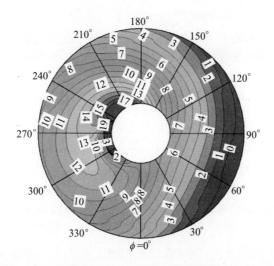

图 1-9 某旋翼在 $\mu=0.3$ 状态时的迎角分布（见彩插）

不仅迎角，剖面的相对气流速度也是周期变化的，图 1-10 给出了 $\mu=0.3$ 时某旋翼桨叶剖面的迎角和马赫数的变化。显然，随着前进比 μ 值的增加，桨叶剖面迎角和马赫数的变化幅度都会增大，因而"8"字图也会变大起来，即桨叶要工作在更高的迎角、更大的马赫数下。

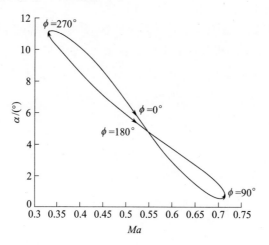

图 1-10 某旋翼桨叶剖面迎角和马赫数的变化

实际上，"8"字形图显示的是旋翼桨叶特定部分旋转一整周的状态变化轨迹，可以找到桨叶的翼型段阻力上升和失速的临界位置，即后行桨叶进入大迎角气流分离引发的失速区域，前行桨叶进入了小迎角激波分离引发的阻力上升区域。利用桨叶端部区域剖面的"8"字形，可以检查前行桨叶速度是否达到了阻

力突增临界 Ma 数,后行桨叶速度是否达到了失速临界值,从而判断旋翼被限制的最大速度,找出提高最大飞行速度的途径,这对于直升机设计及性能估算都是有意义的,也是桨叶气动设计的重要任务。

1.3 桨尖形状

旋翼的气动性能设计初始关心的一般是桨叶的长度、弦长、翼型分布等,而桨尖区域是一个十分敏感的区域,对旋翼性能有重大影响。桨尖区域既是桨叶的高动压区,又是桨尖涡的形成和逸出之处,桨尖形状的改变会导致桨尖涡的涡强和轨迹的变化,从而影响旋翼的流场和气动载荷以及由桨-涡干扰(BVI)引起的气动噪声。

采用适当的桨尖形状,有效地改进旋翼的气动特性,已成为当今旋翼气动研究的重要课题。在很长一段时间,直升机旋翼桨叶一直采用矩形桨尖,即从根部到桨尖弦长一致的构型。图1-11是一个典型示例。首次对矩形桨叶平面的改进是在桨尖区域简单地添加一个后掠,且后掠角度不变(图1-12)。目的是适应前行桨叶的气动环境,在高速前飞时能够适应桨尖区域的高马赫数。但是,由于采用这种桨尖形状会造成桨尖升力中心和当地重心移至桨叶俯仰轴之后,因而带来桨叶俯仰时的挠度变形,并引起弹性变形问题。

旋翼桨叶的桨尖区域既是桨叶的高动压区,又是桨尖涡的形成和逸出之处。这种桨尖流场、畸变尾迹和涡-桨干扰的复杂性,给研究工作带来了相当大的困难。而简单的平面形状设计并不是用以承担这种气动环境的最佳形状,因此,旋翼桨叶的桨尖设计成为现代气动研究的一个显著特征。

图1-11 S61直升机的矩形桨叶平面

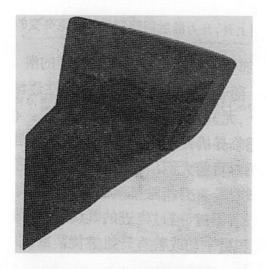

图1-12 简易后掠旋翼桨尖设计

西科斯基公司在研制"黑鹰"直升机旋翼时,为了提高旋翼的悬停效率(FM),在旋转试验台上用全尺寸CH-53桨叶多次进行试验,用3桨叶、4桨叶、5桨叶、6桨叶旋翼对各种不同的桨尖设计进行试验评估,找到能够在前一片桨叶的桨尖涡流区域内有效工作的最佳桨尖几何形状,研发了"贝塔"桨尖,通过控制桨尖经过前一个桨叶桨尖涡流轨迹的位置来提高悬停性能,有效增加桨尖部分的升力,降低涡流干扰的有害作用。在前飞过程中,负扭转会减小前行桨叶的桨尖载荷,从而再度提高前飞效率;进一步,他们又将桨叶展向外侧5%段后掠20°,以再次提高悬停效率。后掠桨尖产生的力产生绕桨叶弹性轴的力矩。如图1-13所示,由于后掠角造成载荷的偏移,这些力矩使桨叶扭转发生变化。桨叶的这种扭转变化在悬停状态约达到了-1°,使悬停效率得到进一步提高。

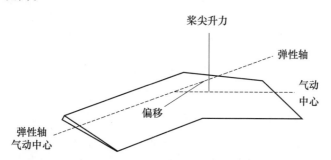

图1-13 作用在弹性轴后面后掠桨尖上的力产生大梁扭矩来改变桨叶扭转

1986年,韦斯特兰"山猫"直升机创造了400.83km/h的世界直升机速度纪录,采用了全新的桨叶构型,在翼型上选择了可增强升力的RAE96系列翼型,根据桨叶上速度分布以及升力需求,从根部、中部及桨尖部位分别采用了不同的翼型,在桨尖形状方面采用了先进的BERP桨尖(图1-14),其外缘急剧后掠,用以提高涡流分离可控性,延迟了桨尖失速,改善了后行边桨叶失速特性(图1-15)。

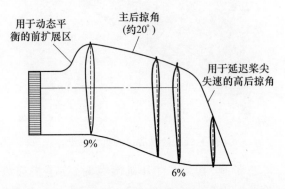

图1-14 韦斯特兰直升机公司的桨尖设计(BERP)

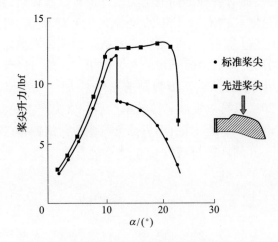

图1-15 韦斯特兰直升机公司BERP桨尖改善失速迎角的
风洞试验结果(1lbf≈4.448N)

回顾旋翼气动设计的发展不难发现,随着时代的进步,新材料、新工艺的出现,气动设计不断进步,旋翼性能不断提升。20世纪40—50年代,桨叶大多为木质或钢木混合结构,寿命只有数百小时,采用对称翼型,矩形桨尖,气动效率低,翼型升阻比一般为6.8,旋翼悬停效率约为0.5;20世纪50—60年代,全铰式桨毂和全金属桨叶,寿命可以达到1000h以上,采用了非对称翼型,尖削后掠桨尖,气动效率有所提高,翼型升阻比达到7.3,旋翼悬停效率为0.6;20世纪70—80年代,铰接式桨毂和复合材料制造的桨叶,寿命达到3000h以上,并且出现了直升机专用翼型,抛物线后掠桨尖,气动效率进一步改善,翼型升阻比为8.5,旋翼悬停效率为0.7;20世纪90年代以后,球柔性和无轴承桨毂得到广泛应用,桨叶采用碳纤维、凯芙拉等高级复合材料,普遍采用抛物线后掠及先前掠再后掠的BERP桨尖形状,气动效率进一步提高,翼型升阻比为10.5,旋翼悬停效率为0.8。

1.4 旋翼气动力风洞试验研究的主要问题

直升机旋翼气动技术的发展支持了直升机性能的不断提升,已成为研发先进直升机的重要动力。总体来说,要获得一副气动设计优良的旋翼,需要研发专用的旋翼翼型、桨尖形状、探索旋翼的流动机理、获得旋翼气动性能以及旋翼和其他部件的气动干扰特性等,为了完成这些任务,必须建立相应的理论分析模型,而风洞试验研究是探索旋翼气动机理、验证气动理论、优化气动设计的一个经济、快捷、准确的途径。具体而言,研究的主要对象有:

1. 旋翼流场

旋翼流场是发展旋翼空气动力学理论的基础,因此对于旋翼流动的认识一直是旋翼空气动力学研究的一个重要方向。旋翼流动的复杂性主要表现:高速前飞时从前行桨叶跨声速流到后行桨叶低马赫数大迎角及反流的周期变化,以及由此引起的动态失速和激波干扰等问题;旋翼、机身、尾桨构成的三维尾流流场,以及由此引起的桨-涡干扰、流动-结构干扰、涡环等问题。

与固定翼飞机的翼尖涡相比,直升机旋翼叶片桨尖涡距离桨盘较近,并在桨盘后方以螺旋线形式运动若干周后才远离桨叶,因此桨尖涡的位置、形状以及强度直接决定了其在旋翼上的诱导速度分布,从而对旋翼的性能、桨叶载荷、振动水平和旋翼噪声有显著影响;此外,直升机垂直下降飞行时特有的涡环状态也直接受桨尖涡系的聚集和流动循环所控制。桨尖涡不但与桨叶发生干扰,而且桨尖涡相互之间还要发生复杂的干扰,旋翼流场的非定常特性从根本上说就是由桨尖涡的生成、演化及干扰所决定。

对桨尖涡的深入研究可以推动对旋翼空气动力学理论以及计算手段的发展,风洞试验一直是研究桨尖涡的重要手段:一方面,通过测量涡核半径、涡量随涡龄角的扩散和耗散规律,可为建立模拟涡核半径的半经验公式以及为旋翼CFD计算方法的验证提供依据;另一方面,通过对桨尖涡三维结构进行测量,特别是在直升机下降飞行、过渡飞行、地面效应等桨尖涡结构呈现较强的非周期性特征的状态,了解桨尖涡动态畸变的现象和机理,对分析这些飞行状态中出现的一些特殊现象,如涡环状态、桨-涡干扰有重要意义。

此外,当前另一个研究热点是对于高速直升机非传统布局形式所带来的更为复杂的流动现象的研究,例如:共轴刚性高速直升机高速前飞带来的强压缩、大反流及强径向流,上下旋翼造成的严重的涡-涡、桨-涡和强非对称干扰等;倾转旋翼机旋翼对机翼的下洗流、过渡飞行时的动态流场、涡环状态等。对于以上复杂流动机理的研究和认识是催生此类非传统布局旋翼飞行器研发的重要保障。

2. 旋翼气动特性

旋翼既是升力面又是操纵面,这种特殊的飞行方式使得旋翼流场中存在复杂畸变的尾迹,对旋翼的性能具有重大的影响。在一些飞行状态下,还会出现强烈的桨-涡干扰现象;大速度前飞时,旋翼前行桨叶上存在非线性、跨声速、可压缩的流动,并伴随激波的产生;大迎角或大机动飞行时,旋翼后行桨叶上存在气流分离或动态失速。

研究主要集中桨叶翼型、翼型分布、平面形状以及桨尖形状等对旋翼性能的影响上,提高旋翼的气动性能,降低由于旋翼引起的振动、噪声和气动不稳定性问题。

3. 气动干扰问题

几乎所有直升机部件均处在旋翼的流场中,相互之间必然会产生影响或干扰,并且这些相互干扰基本上都是非线性的。旋翼、机身、尾桨各部件之间的气动干扰所带来的不利效应,如振动加剧、性能下降、飞行品质不佳等问题逐渐凸显,旋翼和机身、尾面以及尾桨等气动干扰问题在世界各国得到了日益广泛的重视,理论和试验研究成果不断涌现。21世纪初,法国宇航研究院(ONERA)和德国宇航研究院(DLR)联合开展全机直升机先进计算环境(Complete Helicopter Advanced Computational Environment,CHANCE)计划,美国高校、工业界以及美国航空航天局(NASA)等联合开展通用战术运输航空系统(Utility Tactical Transport Aerial System,UTTAS)计划,同时开展先进直升机全机气动干扰一体化设计及分析研究,目的是发展工业级的预测直升机整机气动性能的数值模拟方法;另外,旋翼与平尾气动干扰引起的飞行力学和控制问题、旋翼尾迹对尾桨的冲击问题等也备受关注,理论不断发展,技术不断创新,并被充分应用于最新的旋翼飞行器型号的设计工作。

在这些部件间的相互气动干扰问题中,对直升机影响显著且被关注最多的主要是旋翼对机身、尾面以及尾桨的气动干扰。特别是在悬停及小速度前飞(过渡飞行)状态下,机身及其尾翼全部或部分处于旋翼的高能下洗涡流之中,其绕流特性十分复杂,出现了较严重的非定常、非对称、非线性气动载荷。这种气动载荷无论是稳态还是非定常态,都严重影响直升机的性能、稳定性、操纵性以及机体的振动水平。因此,进行这类问题的研究,主要是改善气动干扰引起的飞行力学和控制问题。然而,由于气动干扰这一物理现象的复杂性,加之国际上对该问题研究得相对较少,几十年来仍然没有有效的理论预测手段,甚至对这些现象的物理机理还没有完全摸清。因此数十年来,气动干扰引起的问题经常是在设计后期通过风洞试验和飞行试验来研究解决的。

4. 旋翼翼型气动特性研究与验证

旋翼翼型气动运行环境具有宽马赫数、变迎角、非定常等特点,在气动特性方面,相对于常规固定翼飞机具有高升阻比和力矩系数较小等特点。因而,对风洞的流场指标以及试验流程各环节的精细化水平要求很高。翼型静态风洞试验的精准度直接与试验方案合理性、模型制造水平、表面压力分布测量和尾流总压测量精准度、来流速压(或 Ma 数)控制和测量精度以及数据修正方法的合理性等方面密切相关。

翼型动态风洞试验研究主要包括振荡翼型的测力、测压试验,动态失速流动细节测量以及动态失速抑制等,主要利用正弦振荡的翼型模型在自由来流中模拟桨叶段的俯仰运动,研究影响旋翼翼型动态失速的因素,尤其是折算频率、振幅角对翼型动态特性的影响。

第 2 章
旋翼气动力风洞试验基础

2.1 旋翼气动力试验的相似准则

2.1.1 试验相似的必要性

为了使模型试验结果能推广应用于实物,必须保证模型与实物之间"相似"。相似理论解决了这个问题,这一理论是模型试验(从模型设计到数据处理)的理论基础。

在两个规模不同的流动保持相似所遵循的准则中,表征某些物理效应并由多个物理量构成的无量纲组合量,称为相似参数或无量纲参数。根据相似理论,在保持几何相似的前提下,两个规模不同的流动保持相似的条件是所有对流动有影响的上述无量纲组合量必须保持对应相等,故它们称为相似准数。将流动的基本方程无量纲化或根据 π 定理,都能导出相似准数。实际流动总是受多个物理效应制约,因而可导出多个相似准数。但对某一具体流动,或涉及流动的某一具体方面,通常只有一两个相似准数起主导作用,如黏性流动中是雷诺数,可压缩流动中是马赫数等。流体力学试验研究主要采用相似试验的方式,因此必须确定试验中有哪些相似准数起作用,哪些是主要的,应保持主要相似准数与实际流动时的相等。若试验不能保证主要相似准数相等,则必须对试验结果进行修正。例如,由于雷诺数包含了尺度因子,利用缩尺模型进行试验时,保持雷诺数与实际时的相等是非常困难的,因而对雷诺数影响比较大的试验结果(主要是阻力方面的数据)应予以修正。

2.1.2 试验中主要的相似准则

相似理论指出,由模型试验所得到的数据只能应用于与模型相似的实物,且这些试验数据是以无量纲系数形式表达的。

模型和实物两种现象相似的条件包括：

（1）模型及其运动与实物运动属于同类事物。

（2）模型与实物的外形必须几何相似。

（3）模型与实物运动的时间条件必须相对应。

（4）模型与实物运动的边界条件必须相对应。

（5）模型与实物各对应点上，在对应瞬间，同名物理量的比值必须相等。如果它们是矢量，则对应点上矢量相应的夹角应该相等。

当满足以上所有条件时，模型与实物两者现象完全相似。然而要达到完全相似一般很困难，甚至是不可能的。实践表明，在很多情况下，只要保证一些主要的相似条件，放松甚至放弃一些次要的相似条件，试验结果仍然可用。这种保证部分相似条件的方法称为"近似相似"或"部分相似"。实际上，风洞试验研究，包括直升机旋翼的风洞试验研究，只能是"近似相似"。例如，在风洞洞壁和有支架存在的情况下，满足相似的条件（4）是困难的。由于模型与实物的大小不同，要全部满足条件（5）也不可能，这个条件也只能部分满足，这就是相似准则问题。

风洞试验中模型一般遵循以下相似条件：

（1）几何相似：模型流动与原型流动中的固体边界形状相似，对应的线性尺寸成相同的比例，对应的夹角相等，对应的面积和对应的体积也分别成一定的比例。

（2）运动相似：模型流动与原型流动在所有对应点上、对应时刻的速度场是相似的，也就是同名速度方向一致，大小互成一定比例。

（3）动力相似：模型流动与原型流动在对应时刻的所有对应点处，作用在流体微团上的各种同性质的同名力彼此方向一致，大小互成一定比例。

在风洞试验中，常用的物理量有空气密度 ρ、速度 V、黏性系数 μ、压力 p 等。物体的特征长度用 L 表示。对于某一给定外形的旋翼系统，其空气动力（如拉力 T）与下列物理量有关：空气密度 ρ、旋翼转速 Ω、总距 $\theta_{0.7}$、周期变距 θ_s 和 θ_c、旋翼半径 R（旋翼的特征尺寸）、直升机飞行速度 V_0、旋翼迎角 α_s、空气黏性系数 μ_a、声速 a、重力加速度 g、桨叶某一截面单元的结构密度 Δ。如果考虑桨叶的弹性特性，则还与桨叶某一截面单元结构的弹性模量 E（或剪切模量 G）和桨叶结构的阻尼系数 D 有关。

据此，可写出以下方程：

$$T = f(\rho, \Omega, \theta_{0.7}, \theta_s, \theta_c, R, V_0, \alpha_s, \mu_a, \alpha, g, \Delta, E, D) \quad (2-1)$$

利用量纲分析法，可导出直升机旋翼模型试验需要满足的相似准则如下：

(1) 斯特劳哈尔(Strouhal)相似准则数 Sr:斯特劳哈尔数是非定常运动惯性力 F_e 与惯性力 F_i 之比。保证模型与实物 Sr 准则相等,就是保证前进比相等,λ(入流比)值相等。

$$Sr = \frac{V_0}{\Omega R} \qquad (2-2)$$

式中:Ω 为旋翼转速。

Sr 数是表征流动非定常性的相似准则。当进行结构弹性振动、旋涡、螺旋桨、旋翼、旋转天平、马格努斯力及航空声学等模型试验时,要求模型与实物的 Sr 数相等。

(2) 雷诺(Reynolds)相似准则数(Re):$\rho b \Omega r / \mu_\alpha$ = 惯性力/黏性力。

(3) 马赫(Mach)相似准则数:马赫数简称 Ma 数。马赫数是表征空气惯性力与空气弹性变形力之比的相似准则。对于完全气体:

$$\frac{F_i}{F_c} = \frac{\rho v^2 l^2}{p l^2} = \frac{v^2}{p/\rho} \propto \frac{v^2}{a} = Ma^2 \qquad (2-3)$$

$$Ma = \frac{\Omega R}{a} \qquad (2-4)$$

式中:a 为声速。

Ma 数是气体的压缩性对流动影响的一个量度。对低速流动,气体的压缩性可以忽略不计,即不考虑马赫数;但当流速较高($Ma \geq 0.3$)时,不能忽略气体压缩性影响。马赫数是一个十分重要的相似准则,它几乎对所有高速流动现象都有影响。在低速风洞通过直升机试验评估旋翼的空气动力特性时,气体压缩性影响必须考虑,需要模拟 Ma 数。

(4) 弗劳德(Froude)相似准则数(Fr):$\Omega^2 R/g$ = 空气惯性力/空气重力 = 桨叶惯性离心力/桨叶重力。Fr 是重力作用对流动影响的一个量度。对试验模型外挂物投放、模型自由飞、尾旋试验及主要考虑重力作用的旋翼试验等,Fr 是主要的相似准则。

(5) 洛克(Lock)相似准则数(Lo):ρ/Δ = 空气惯性力/桨叶结构惯性离心力。

(6) 勘切(Canchy)相似准则数(Ca):$\rho(\Omega R)^2/E$ = 空气惯性力/桨叶结构弹性变形力。

(7) 与桨叶结构阻尼特性有关的相似准则数(Da):$\rho \Omega R^3/D$ = 空气惯性力/桨叶结构阻尼力。

除上述常用的相似准则外,有些风洞试验还要用到一些相似准则,如普朗特数(Prandtl number)Pr、努塞尔数(Nusselt number)Nu、拉格朗日数(Lagrange number)La、斯坦顿数(Stanton number)St 等。这些相似准则详见专门的论著。

几个主要的相似准则数的说明如下：

Re 数：研究流体中物体的摩擦阻力和附面层有关的特性时，Re 数准则尤其重要。因为摩擦阻力和压差阻力是流体的黏性作用直接和间接引起的。所以 Re 数相等乃是保证模型与实物阻力相似的必要条件之一。

实践表明，桨叶在小迎角运转时的阻力(因为没有发生气流分离，压差阻力很小)，摩擦阻力是主要的。但随着雷诺数增加，黏性影响减弱，摩擦阻力在总的空气动力阻力中的占比越来越小。当 Re 数达到一定值后，Re 数变化引起的摩擦阻力变化很小，这时可认为总阻力与 Re 数无关。一般把阻力与 Re 数无关的区域称为 Re 自模化区。在 Re 自模化区内，可以不必考虑 Re 数相似准则。

当桨叶迎角接近或超过临界迎角时，不仅摩擦阻力与 Re 数有关，而且压差阻力也随 Re 数而变化。这时，在 Re 数不等情况下测得的试验数据，一般不能直接应用于实物，须进行雷诺数修正。

Ma 数：在几何相似和运动相似条件下，如果模型与实物旋翼的 Ma 数相等，则各对应桨叶截面的 Ma 数也相等，表明空气弹性变形力的作用相似，一般称为空气压缩性相似。Ma 数对于研究物体在空气中的高速运动($Ma>0.5$) 是很重要的，这时空气弹性变形力对总的空气动力的影响不可忽略。以悬停试验为例，旋翼桨尖 Ma 数一般达到 0.64 左右，所以直升机旋翼试验一般保证 Ma 数相似。

Fr 数：在几何相似和运动相似的条件下，如果模型与实物旋翼的 Fr 准则数相等(它们相应点的弗劳德数相等)，则为"重力相似"。由于 g 为矢量，所以保证 Fr 准则数相等，不仅应使模型与实物的 Fr 准则数的数值相等，而且应该保证它们的 Ω 相对于重力加速度 g 的方向一致。

一般可以近似认为模型试验与实物飞行的重力场相同。因而 Fr 准则数相等的必要条件是模型与实物相对于地面(g 与地面垂直)的姿态相同。显然，要在风洞试验中模拟实物旋翼在空中的各种飞行状态以保证它们的准则数相等是非常困难的。只有自由飞模型试验，才可能保证与实物的 Fr 准则数在各种飞行姿态都相等。

在风洞试验中，如果主要是研究旋翼的空气动力学特性，由于悬停桨尖马赫数通常有 0.64 左右，前飞时桨尖马赫数可能达到 0.92，因而普遍采用 Ma 数相似准则。在全尺寸风洞试验中则可以同时满足 Ma 数和 Re 数相似准则。

2.2 试验准备

旋翼试验的一个重要步骤是试验装置的准备。过分追求对模型有条理的、细心的准备和精准的校准是不现实的,但是,许多精心设计的试验计划常常由于准备阶段的失误而终止或者很难连续进行下去;更为严重的是试验中通常难以确定试验数据的准确性,因此始终有一个疑问:可信度高吗？数据真的正确吗？为此,需要介绍几个试验前必须完成的而又往往被忽视的关键环节。

2.2.1 试验装置的装配

准备工作的最初阶段从试验装置的总装开始。此阶段,必须非常注意机械的准备工作,检查所有运动部件所能达到的运动,以便保证所有预载、间隙位姿等都符合部件试验中所确定的技术条件。在安装旋翼天平以及天平以上部件时,应对天平输出信号进行测量监视,因为安装任何天平都必须特别当心,以便确定在装配中没有非正常应变;观察冷却水、滑润油和液压液的流动方向、速度,以及检查模型运动过程中某些点处可能发生的漏泄和堵塞;在电气方面,应做常见的接线检查,特别是电桥、热电偶和其他测量器件的接线,因为这些接线在装配好后是难以检查、改动的;在试验程序方面,要注意确定旋翼试验台各系统的启动、停止的先后次序。

虽然这些工作都是例行工作,在部件阶段已经检查了,但是在所有部件装配在一起之后,还可能出现新的运动障碍和运转前容易被忽视的问题。

2.2.2 运转前的检查

当完成试验台装配后,意味着为运转和采集数据做好了准备,为了试验安全,还要对一些关键通道和振动测试数据进行复查。调试时为了保证模型安全,需要一定数量的数据,必须对一些通道特别是关键部件的通道再次校核检查,如旋翼天平各应变单元、旋翼轴扭矩应变单元以及监视试验台安全的振动传感器和温度传感器通道等,检查电桥电压、放大器放大倍数、示波器、波形记录器和安全仪表的灵敏度,这些通道所提供的数据是试验台安全运转所需要的,校核检查应该包括静止状态和旋转状态(需要达到试验转速);在带旋翼旋转运动时,必须对模型振动和载荷放大系数做一次全面的检查,查明旋翼试验台固有频率和旋翼旋转频率的倍频之间可能存在的重合,避免共振的产生,检查模型桨叶挥舞、摆振、扭转通道相对于时间、温度和转速的稳定性,这关系到模型安全和试验数据质量。

2.2.3 旋翼桨叶共锥度

旋翼桨叶共锥度是一个反映直升机旋翼系统工作状态的重要参数,是直升机总装调试和日常维护中的常规检测项目,是旋翼各桨叶惯性力和气动力平衡的集中表现。旋翼桨叶共锥度的优劣,直接影响直升机的飞行性能,调节不好会给飞行造成一定的安全隐患,对于旋翼空气动力试验研究而言,会影响旋翼气动力参数测量的精准度和试验设备的振动状况。

直升机旋翼共锥度测试主要是对各片桨叶在旋转状态下的锥度特性进行测试(图2-1),并在与基准桨叶对比后进行相应的结构或锥度调整,由于直升机共锥度必须在旋翼高速旋转情况下测量得到,因此测量中的难点是如何在保证测量精度的前提下提高测量的效率。

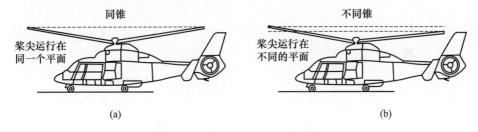

图2-1 旋翼桨叶共锥度示意图

由于旋翼桨叶共锥度在直升机研制和性能试验中的重要性,直升机研制、生产和试验部门一直努力研究精确、高效测量旋翼桨叶共锥度的方法和设备,先后研究出标杆法、频闪仪法、通用轨迹设备(UTD)法、激光测量法、红外技术法、高速CCD成像法和全景视觉法等旋翼桨叶共锥度检测方法。旋翼模型风洞试验中常用的有纸筒法、频闪仪法和通用轨迹设备法。

纸筒法是最原始的桨叶共锥度测量方法,测量时先在每片桨叶的桨尖上涂上不同的颜色,当旋翼旋转到规定转速时,将纸筒慢慢靠近桨尖,测量时需要地勤人员与直升机驾驶员协同操作,将纸筒与桨尖进行触碰,根据桨尖在白色纸质标杆上留下的颜色痕迹来判断桨尖高度差。这种方法具有一定的危险性,测量精度较低。

频闪仪法较纸筒法而言,测量时不需要和桨叶接触。该方法需要在桨叶桨尖处粘贴颜色不同的标靶,然后通过频闪仪发出和旋翼旋转频率整数倍相同频率的闪光照射桨尖处靶标,测量人员通过肉眼观察旋翼不同桨叶上靶标的重合程度以确定旋翼锥体的重合程度。该方法靠测量人员的肉眼判断,具有一定的主观倾向,精确度取决于观测者的经验。

利用通用轨迹设备法:测量旋翼锥体实际上是采用三角测量法测量旋翼桨叶的轨迹,通过对旋翼桨叶轨迹的测量从而实现旋翼桨叶共锥度的检测。设备内部有两个成固定角度的光感应传感器,测量旋翼锥体时,这两个传感器与桨叶成一个三角形。旋翼运动时,桨叶的高低不同会造成该三角形边长发生变化(图2-2),通过分析这个边长就能计算出高度。在测量时,造成三角形变化边长的是桨叶经过内部两个传感器微小变化的时间差,通过计算这个时间差就能折算出桨叶高度。该方法基于这个变化的光感应原理测量,感应区域不能有外部其他变化的干扰光信号,并且要精确定通用轨迹设备的安装角度和旋翼主轴到安装位置的水平距离,否则会严重影响共锥度的检测结果。

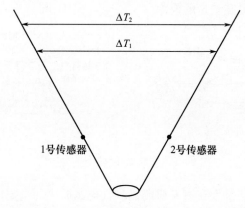

图2-2 通用轨迹设备法共锥度测量示意图(高桨叶 ΔT_2 时间比低桨叶 ΔT_1 时间长)

2.2.4 数据质量控制

首先确定数据测量的精确度,不论试验中所用的数据采集系统是哪一种,必须校核每个通道的量程、放大倍数、通道误差等,并且消除测量通道之间的相互干扰。

安全监视方面,对于每一个用来监视交变载荷许用值的通道,根据它的静态灵敏度,利用大小已知的交变电压代表交变载荷,检查波形记录显示器,明确定出各种数据的预定容许值和报警值。

设备运转调试时,为了使旋翼系统不平衡所引起的交变载荷减至最小,应调准旋翼系统的轨迹和动平衡。安装时要尽可能在计及桨叶重量和重心位置的情况下使旋翼系统达到静平衡。此外,在装上桨叶之前,要对桨毂进行动平衡调试。

对旋转部件的任何改动,都可能会改变旋翼模型的动平衡特性。恶劣的动平衡特性会直接加大台体的振动量值,引起结构疲劳、降低设备可靠性,影响试验台各分系统的可靠运行以及试验数据的精准度。动平衡检查时,保持主轴倾角、总距角和周期变距角为零,模型运行在额定工作转速下,检查旋翼天平测量的阻力和侧力的一阶动态量是否满足要求。表 2-1 给出了某试验中四副旋翼模型动平衡调试结果。

表 2-1 四副旋翼模型的动平衡调试结果

	加速度一阶最大值/g	阻力一阶量/N	侧力一阶量/N
旋翼 A	0.036	21	38
旋翼 B	0.038	32	29
旋翼 C	0.038	36	30
旋翼 D	0.037	35	28

可以利用旋转平面力和力矩的谐波分析数据调准轨迹和平衡,也可以用专门的频闪仪和动平衡仪来完成,调准轨迹的标准一般以在试验转速和拉力范围内各桨叶桨尖轨迹高度差不到桨叶厚度的一半为宜。

2.2.5 数据的预判

输入一定的桨叶操纵量并观察记录下来的反应,对旋翼系统做适当的检查。使模型处于我们认为干扰最小的最佳悬停状态,并选择一个等于或接近于额定转速的试车转速。把周期变距输入量调整到零并使总距处于零拉力状态(桨距 θ 应为零)。在总距为零时,采集不同转速(避开共振频率点)下的数据,直到预定试验转速为止,从而得到旋翼型阻引起的旋翼扭矩测量值和预期值的比较。

在额定转速下,变化纵向和横向周期变距,使其分别等于零和等于正、负最大常用值并采集数据。画出桨根挥舞角峰间值与周期变距输入量的关系图,以及与交变桨距峰间值的关系图。进一步,将测得的桨毂力矩(俯仰力矩和滚转力矩)与周期变距输入量加以比较。

在拉力系数与总距呈线性关系的部分,对正拉力值重复上述步骤。得到拉力矢量(阻力/拉力或侧向力/拉力)对周期变距输入量的关系。它们的关系应该也是1:1。

通过上述工作,可以对数据、天平、传感器的状况做出正确与否的判断,也从侧面考察了操纵、动力传动、数据采集和监视等系统。

进一步的试验是在恒定的前进比和总距下对旋转轴倾角做扫描试验以及在恒定的 C_T/σ 和桨尖速度下对 μ 做扫描试验,以便与预先准备好的理论估算值做比较而对数据进行校核。

最后，旋翼风洞试验期间要定期对系统进行复查，根据平时经验迅速进行一次检查，以鉴别数据通道有无装错和旋翼有无使用寿命或其他原因发生变化。可以选择一个功率比较小但交变通道输出量足够大的前飞状态试验，便于鉴别和记录，间隔一段时间重复做一次，比较不同期结果，为判断试验系统的性能提供根据。

2.3 旋翼风洞试验

相对于固定机翼而言，旋翼风洞试验是非常复杂困难的，旋翼风洞试验应该坚持"关键数据先行采集"的原则。一般在一次试验中至少要采集气动和结构载荷数据，所需的数据通道数目可能要很多，并且，某些飞行状态可能使模型毁坏而得不到预期的数据。考虑到这些，旋翼试验必须更好地计划，以期所进行的试验一定能直接回答所提出的问题，进一步，旋翼试验应该采用最关键的数据先采集的方案，即旋翼试验应预先采集设计关键点的试验结果。

本节介绍如何保证在指定的试验期间能采集到的数据数量，如何提高所期望的数据的质量，以及如何重视旋翼试验自动化特点。

2.3.1 旋翼试验的效率

风洞试验一般希望"在最短的时间用最少的资金来回答最多的试验问题"，为了达到这一目标，必须充分了解旋翼风洞试验装置的局限性，必须用尽可能快的手段来采集数据，预估在一定的风洞占用周期所能采集数据的数量。

对于旋翼试验，不同于固定翼，数据的数量用数据点来衡量。主要是因为：旋翼模型一般都采用遥控方式，模型状态变化时不用停车；用数据点来编制试验计划有助于研究如何用最少量的数据来达到试验目的；按数据点比较容易明确用哪些数据通道。

模型及其试验计划的复杂程度可以用需用数据通道的平均数来衡量，需用数据通道除必须测量的旋翼气动载荷、弹性变形所需通道外，还有运转状态通道，如速度、压力、温度、转速、角度（旋翼的方位角、总距角、周期变距角、轴倾角）、操纵位置等。

风洞占用时间应包括模型安装和调试时间，模型、设备和数据系统维修时间，模型状态改变时间，校核模型和采集数据时间。其中，旋翼模型安装到风洞里并使它处于运转状态经常是很耗费时间的，因为旋翼试验自动化程度高，测量的数据通道多。一旦旋翼模型试验调试顺利，就会源源不断地得到数据。

旋翼试验前,模型安装和振动的测试排除也是一个重要问题,不仅是装置自身的振动问题,而且整个旋翼试验系统的动力学响应因模型的不同而异,这些因数包括旋翼桨叶的片数、桨叶的固有特性以及桨毂的结构形式等。完成这一步经常要占用很多时间。

正是旋翼试验自动化程度很高,因而也要求试验人员了解和熟悉试验任务和装置,这样才能更好地预先估计试验期间和要采集的数据的数量。

2.3.2　影响旋翼试验数据质量的因素

目前,应变测量技术、传感器技术以及电子技术的迅猛发展,使得用应变天平、传感器和数据采集处理系统来测采集气动性能数据足以达到人们所需要的精准度。而影响数据精准度的经常是试验装置结构上的一些细节,如天平的连接刚度(由于天平安装空间的局限而引起天平固定端接头的刚度不均或较小)、天平间的干扰(旋翼天平和旋翼扭矩天平弹性万向联轴节)、旋翼天平"零值"和校正技术等,关键技术问题是共同的,国内外在旋翼风洞试验技术的发展过程中基本上都经历了这些曲折和探索,只是受制造工艺、认知程度的限制,在解决方法和效果上存在一定的差异而已。也就是说,要进行旋翼风洞试验,上述问题是无法回避的。

1. 天平连接刚度

天平安装固定不牢引起的问题相当于天平的二阶干扰,即产生了与校准时不一致的弹性变形,由此引发的影响可能达到5%量级。例如,美国国家全尺寸空气动力设施的大型旋翼试验装置(LRTA)的载荷测量装置,当旋翼天平安装到旋翼试验装置上进行载荷验证时,验证结果与在校准台上单分量推力加载结果有所不同。后期分析表明,由于试验台从旋翼到旋翼天平上板的支撑系统刚度和传力路线与地面校准时明显不同,造成了对天平各元的干扰显著不同,导致天平在校准台上获得的0.5%测量精度在旋翼试验装置上无法实现。这些不同归因于天平非测量端和校准台支撑结构间接口与在旋翼试验装置上接口的差异。

发现验证这一现象可通过变化旋翼轴倾角的方法来实现。令旋翼旋转轴在一个尽可能大的轴倾角范围内变换角度,用天平测量天平以上的部件的重量,就可以直接确定是否存在这一影响。一般是在模型最后装配好后对天平重新进行校准时解决这个问题,即人们常说的旋翼天平现场校,也是天平连接刚度不可忽视时唯一有效的解决办法。图2-3是专门为LRTA的载荷测量装置设计的天平校准台,由校准框架、校准体、液压作动器加载系统和数据采集系统组成。校准框架环绕LRTA,能够适应旋翼天平在装置上的校准。

图 2-3　校准台上的大型旋翼试验装置

2. 天平间的干扰

一般而言,旋翼驱动系统安装在天平之下,旋翼扭矩和旋翼其他五分量通过两台天平测量,扭矩天平与旋翼天平之间有解耦装置(图 2-4)把旋翼天平系统和驱动轴"隔离"开来,以减小扭矩天平对旋翼天平的影响或干扰。

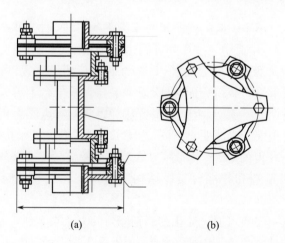

图 2-4　扭矩天平和弹性联轴节

现在大多采用弹性万向联轴节,如单层和多层拉压式弹性万向联轴节、单层和多层膜片式弹性万向联轴节以及波纹管式弹性万向联轴节等,其特点是没有间隙和摩擦,除了转矩方向有很大的刚度之外,其他五个自由度是很柔软的。尽管采用了这一措施,但是不可能实现完全的"隔离",因此,干扰还是很难消除,可以用手动旋转旋翼并记录天平波形信号的方法观察到这一干扰现象。为消除这一影响,可以通过现场校准和测量扭矩天平处"残余轴向力"的方法给出对旋翼天平的干扰修正。

3. 旋翼天平的"零值"

与常规应变天平的情况不同,在纯桨轴状态时,旋翼天平的静态"零值"不是一个定值,它随着桨轴所处方位角而脉动,这是由于连接件轴系与转动轴系之间的不重合引起弹性联轴节的交变恢复力和恢复力矩对旋翼天平测量的影响;在有旋翼静止状态时,当转轴处于某一方位时,挥舞铰和摆振铰的影响导致桨叶位置不定,也会造成静态"零值"的不同,为解决这个问题,可以用零攻角、零总距、低转速(50~200r/min)时旋翼天平测量载荷作为"动态零值"来进行数据处理。

4. 天平的温差

天平其实也是一个热敏应变器。不带桨叶,使试验装置从冷却状态或环境温度状态迅速启动到试验转速,可以直接确定这个问题的影响。保持转速不变而随时间记录天平数据。如果装置运转正常,装置周围的温度就是稳定的,因此天平读数也是稳定的。然后使装置转速为零,继续随时间记录天平数据。对不同的旋翼转速都进行这种简单的试验,就可合理确定运动件发热对天平元件所引起的干扰。

2.3.3 定载荷配平前飞试验

目前,旋翼模型风洞试验技术也随着相关技术的发展,得到了一定的提高。其中,旋翼模型的远距离实时操纵控制技术以及状态参数实时显示技术的成熟及应用,不仅可以提高试验效率,降低整个试验计划的成本,获得更多的数据,降低计划的风险。更为重要的是,基于实时载荷反馈利用遥控技术自动配平试验模型,在试验中就能准确地提供配平信息,而不是在试验后一段时间才能得到。优点是先于数据采集就能成功配平,获得指定飞行状态的旋翼气动力数据以及旋翼的姿态并能洞察气动力模型的不确定度,不同于以往那种操纵旋翼模型到某个指定位置,在风洞不停车条件下采集试验数据的简单方法。这个过程潜在地能节省额外重新设计、试验和数据分析的时间。

采用上述方法进行的风洞试验,通常称为配平前飞试验。配平的气动力参数一般是旋翼的拉力、阻力和桨毂力矩等,遥控的旋翼的姿态参数有旋翼的总距角、周期变距角和轴倾角等。常用的配平的方法有:

(1) 定拉力、桨毂力矩最小配平前飞试验。旋翼以额定转速运行,在风速达到给定值的情况下,调整主轴和总距角,使主轴倾角和拉力系数达到给定值;同时,通过配平,使得桨毂力矩小于一定的值,然后进行数据采集。

(2) 定拉力、桨毂力矩给定配平前飞试验。旋翼以额定转速运行,在风速达到给定值的情况下,调整主轴和总距角,使主轴倾角和拉力系数达到给定值;同时,通过调整周期变距角进行配平,使得俯仰力矩、滚转力矩达到给定值,然后进行数据采集。

(3) 定升力、阻力、桨毂力矩最小配平前飞。旋翼以额定转速运行,在风速达到给定值的情况下,调整主轴和桨距角,使升力系数和阻力系数达到给定值;同时,通过配平,使得桨毂力矩小于给定值,然后进行数据采集。

(4) 定升力、阻力、桨毂力矩给定配平前飞。旋翼以额定转速运行,在风速达到给定值的情况下,调整主轴和桨距角,使拉力系数和阻力系数达到给定值;同时,通过调整周期变距角进行配平,使得俯仰力矩、滚转力矩达到给定值,然后进行数据采集。

从旋翼的实际工作状态考虑,旋翼一方面要产生一定的升力,另一方面要产生克服直升机的阻力并推动直升机前飞的推力,采用给定升力、阻力配平的方法得出的试验结果更容易用来估计真实旋翼的气动性能。采用给定升力、阻力配平试验的前提是已经知道直升机的总重和等效阻力面积,并且要具备相应的试验设备和掌握试验技术。从风洞试验的难度来看,给定拉力配平试验要比给定升力、阻力配平试验容易得多,可以作为比较不同旋翼的气动性能的试验手段。图2-5~图2-10给出了采用上述四种配平试验方法的试验结果,从中可以比较桨毂力矩对配平结果的影响,也可以比较给定拉力和给定升力配平的差别,试验是在中国空气动力研究与发展中心(CARDC)直径3.2m风洞开口试验段,利用直径2m直升机旋翼机身组合模型试验台进行的。旋翼模型直径为2m,桨毂模型为铰接式(无摆振铰),4片矩形桨叶,无负扭转。

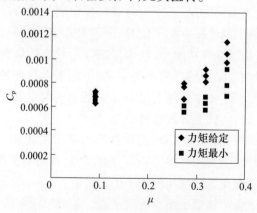

图2-5　$C_t = 0.010$ 配平时旋翼功率比较

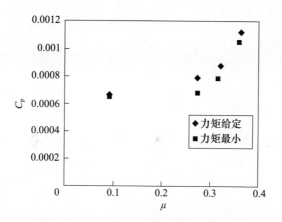

图 2-6　$C_L=0.010$ 配平时旋翼功率比较

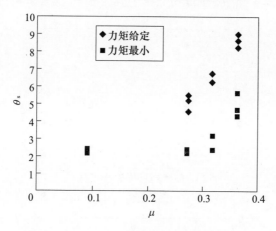

图 2-7　$C_t=0.010$ 旋翼纵向周期变距角比较

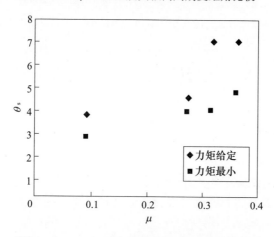

图 2-8　$C_L=0.010$ 旋翼纵向周期变距角比较

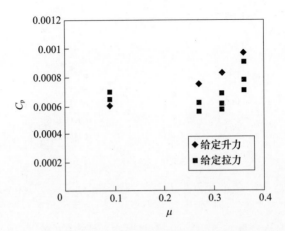

图 2-9　C_t、C_L 为 0.010 桨毂力矩最小配平的旋翼功率比较

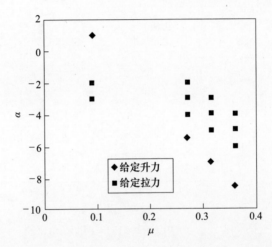

图 2-10　C_t、C_L 为 0.010 桨毂力矩最小配平的轴倾角比较

2.4　旋翼气动力风洞试验规范

2.4.1　基本要求

1. 试验任务书

试验任务书由试验任务委托方提出。提出试验任务书前,试验任务委托方宜与试验任务承担方共同商议。试验任务书是试验承担方执行风洞试验任务的主要技术依据。

试验任务书应包括:试验名称、试验目的、技术要求、试验项目、要求测定的数据、试验条件、质量保证要求等内容。

2. 试验大纲

试验大纲是针对某一期风洞试验任务的实施方案，是风洞实验室执行风洞试验任务的主要技术依据。试验大纲由风洞试验任务承担方的试验任务负责人编写、技术负责人批准。必要时，试验大纲还应得到试验任务委托方认可。

试验大纲应包括：试验名称、任务来源、试验目的、技术要求、试验条件；试验项目、要求测定的数据；规划试验编号序列，安排必要的辅助性试验项目；确定相关试验运行、测量设备，选定通用或专用数据处理软件；确认与数据处理有关的模型几何参数，给出数据修正方案及使用原则；技术难点与技术措施，试验现场重大问题的预案与处理原则等内容。

3. 试验设备及模型

承担试验任务风洞的试验段流场品质应满足 GJB 1179—1991《高速风洞和低速风洞流场品质规范》的规定，风洞的动压控制系统、侧滑角控制系统及数据采集与传输系统应满足相应的技术要求，风洞应当配备有安全保护装置。

试验台通常包括台体、动力传动、测量、操纵控制、主轴倾斜、数据采集与监视报警等系统。台体本身应具有足够的强度与刚度，能约束与固定模型；安装旋翼模型后，台体与模型构成的系统，还要满足避开地面共振的要求。动力传动系统提供旋翼模型稳定旋转的驱动力矩，应有足够的功率和转速范围，且转速控制精度不低于 0.3%。测量系统主要包括旋翼天平、扭矩天平和变距拉杆天平，以及桨叶上布置的测量挥舞、摆振和扭转弯矩的应变桥。承担试验任务的旋翼天平和扭矩天平应具备静校证书，且在有效期内。变距拉杆天平和桨叶上的应变桥，在试验前进行现场标定。操纵控制系统实现对旋翼总距和周期变距的远距离操纵，达到控制旋翼状态的目的。操纵控制系统应有足够的静态和动态承载能力；其执行机构的线位移定位精度不低于 0.05mm。主轴倾斜系统对旋翼轴的倾斜角度进行远距离控制，其角度控制精度应优于 0.1°。数据采集与监视报警系统实现对旋翼气动载荷、旋翼轴弯矩、桨叶运动角度和台体振动水平等关键参数的实时测量显示和报警，在达到要求的状态下完成数据采集。数据采集处理方法按照试验的要求确定。

旋翼模型包括桨叶、桨毂、自动倾斜器、变距拉杆和防扭臂及相应的连接件。旋翼模型在风洞试验前应在地面实验室进行组装和调试。

2.4.2 试验程序

1. 技术交接和技术协调

由试验任务委托方代表向试验任务负责人、试验运行负责人等进行技术交接。介绍本期试验的内容、重点、背景、特殊要求等,并负责对试验任务书未尽和不详事宜进行解释。必要时,须填写《试验任务技术协调书》备案。

2. 模型交接与模型点验

由试验任务委托方代表与试验任务负责人、试验运行负责人共同完成试验模型交接。

随同模型交接的通常还包括相应的模型图样、模型设计计算报告、模型出厂检验报告及出厂合格证等。交接时,应逐项清点模型部件、零件、附件等的件数,并进行登记。

3. 地面准备

(1) 排除旋翼模型与试验台系统的地面共振。常用方法是在试验台上加装旋翼模型的质量模拟假件,利用振动测试设备对系统的动特性进行识别,之后利用地面共振分析软件计算该系统的共振区域。若要求的试验转速范围内存在地面共振的危险,则需采取相应的排振措施,直至排除地面共振的危险。

(2) 桨叶模型的静平衡。在桨叶静平衡装置上对试验模型进行静平衡检查并配平。

(3) 桨叶模型静标定。在桨叶静标定装置上对布置了弯矩测量应变桥的桨叶进行静态加载,拟合出弯矩测量计算公式。

(4) 变距拉杆静标定。在变距拉杆静标定装置上对布置了应变桥的拉杆或专用的拉杆天平进行静态加载,拟合出测量计算公式。

(5) 自动倾斜器和桨毂的安装和调试。按照设计图将自动倾斜器和桨毂正确地安装在试验台上;在连接变距拉杆前,检查各支臂的运动情况。连接变距拉杆后,运行操纵控制系统,检查作动筒的运动情况;测量总距和周期变距的变化范围,并判断能否满足试验的要求。若总距和周期变距的变化范围不能满足要求,则要根据具体情况采取相应措施加以解决。

(6) 操纵矩阵标定。通常选择某一支臂作为参考支臂进行变距角测量,通过一系列的作动筒位移与变距角的对应数据,拟合出操纵矩阵。

(7) 旋翼模型的动平衡检查。桨叶模型安装完成后,应进行动平衡检查。动平衡检查时,将模型运行在工作转速下,保持主轴倾角、总距和周期变距为零,检查旋翼天平测量的阻力和侧力的一阶动态量是否满足要求。通常,对于4m直径的旋翼模型,其阻力和侧力的一阶动态量的幅值应小于100N;对于2m直径的旋翼模型,则应小于50N。

4. 运转计划表编写

运转计划表由试验运行负责人依据试验任务书、试验大纲编写。运转计划表应包括序号、试验编号、模型状态、试验条件、试验日期及备注等内容。试验编号宜按一定规律命名,其本身宜包含能反映风洞试验的类型和试验数据的类别等信息。同一期试验中试验编号不应重名。

5. 旋翼模型的共锥度检查及调整

旋翼模型的每一片桨叶在重力、气动力、弹性力和阻尼力的作用下要产生挥舞运动,旋转一周的扫掠面就形成一个锥面。所有桨叶运动形成的锥面的重合度称为共锥度。共锥度是检查旋翼模型质量力和气动力平衡的重要参数。

旋翼模型的共锥度检查方法见 2.2.3 节,其中方法之一是利用频闪仪观察每一片桨叶的桨尖运动轨迹的差别。检查通常在工作转速下进行,从小总距开始,逐步增大总距,最大总距通常要达到试验要求的最大值的 80% 以上。

旋翼模型的共锥度应符合设计要求,对不满足共锥度要求的旋翼模型应进行共锥度调整,共锥度调整通过改变各片桨叶的变距拉杆长度来实现。为了不影响操纵矩阵,应以标定操纵矩阵时测量桨距角的支臂对应的桨叶为参考基准。根据各片桨叶桨尖轨迹与参考桨叶的距离,对应调整变距拉杆长度,然后重复上述步骤,直至共锥度达到要求。

6. 地面悬停试验

地面悬停试验在悬停试验间内进行。试验时要保证旋翼中心距地面的距离大于直径的 1.2 倍(地面效应试验除外),且四周通气情况良好。悬停试验按照运转计划的要求进行。

7. 试验台的洞内安装及检查

试验台在风洞中安装就位后,应对试验台旋翼天平与风洞坐标轴系的安装角进行调整。通常要求旋翼天平的 X 轴在风洞坐标轴系的 $X-Z$ 平面内与 X 轴的夹角不大于 $3'$。

试验台在风洞中安装就位后,应按照要求进行地面共振检查和排除。

8. 旋翼模型洞内调试

模型在洞内安装结束后,应进行调试试验。旋翼模型的洞内调试应在试验运行负责人指挥下进行。

9. 前飞试验

前飞试验时的实际动压与运转计划表要求动压的偏差应小于 2%。试验数据处理中应用的计算动压与实际动压的偏差应小于 0.5%。前飞试验的一般步骤如下:

(1)采集各主轴倾角状态下的所有通道的初始值。

(2)在旋翼的总距、周期变距、主轴倾角为 0° 时启动旋翼至工作转速。

(3)提高总距至 5°,主轴前倾 5°。

(4)启动风洞至所需风速;改变风速的过程中,旋翼操作人员应根据监视报警系统的显示参数随时调整周期变距,以使桨毂力矩最小;同时要监视桨叶的一阶挥舞力矩,不应超过限制值。

(5) 按试验条件的要求操纵旋翼,达到试验状态后采集各通道信号。

(6) 如需要进行下一个状态的试验,则先调整周期变距使桨毂力矩最小,然后调整主轴倾角至要求值;同时,遵循使桨毂力矩最小的原则操纵周期变距,再按试验要求操纵旋翼的总距和周期变距,然后采集数据。

(7) 重复步骤(6)的操作,直至完成各试验项目。

(8) 如要结束试验,则先降低总距至5°(只要保持旋翼拉力为正即可),然后风洞的风速逐渐减小,同时注意调整周期变距使桨毂力矩最小;降低总距至0°,主轴倾角回到0°;确认风速完全为0后,旋翼停车,采集各通道的回零信号。

10. 试验停止

(1) 试验中断。

试验过程中,出现以下情况之一时应及时中断试验:试验模型出现结构破损或出现结构破损的征兆,不能保证试验设备安全运行;试验设备出现故障或出现故障征兆,不能保证安全运行或试验结果可靠;试验环境异常,不能保证试验模型或试验设备安全或正常运行;监视报警系统发出报警。

试验过程中,出现以下情况之一时,可由试验任务委托方与试验承担方协商中断试验:试验结果与预期值存在明显差异;试验模型外形或表面特性等出现明显变化,不能保证试验结果可靠;试验委托人或试验承担方认为有必要中断试验。

试验中断后,可根据不同情况尽快查明原因,及时处理,恢复试验状态后可继续进行试验或重新试验;也可结束试验。

(2) 试验结束。

试验过程中当出现以下情况之一时,可由试验运行负责人宣布试验任务结束:完成运转计划表全部试验内容及全部补充内容;未完成全部试验内容,但已达到试验目的;试验中断,且恢复试验状态需较长时间或需安排其他试验任务。

试验任务结束后,试验运行负责人应及时组织试验现场的清理工作。试验现场清理完毕后:试验数据能安全保存和方便调用;试验设备能妥善保存或方便使用;试验模型能长期妥善保存或运输;后续试验任务或其他工作能方便地进行。

2.4.3 数据采集和处理

1. 数据采集原则

旋翼试验的数据采集包括零读数采集、初读数采集和运行数采集。

零读数采集是在旋翼模型静止($n=0$),总距和周期变距为零,无风,主轴倾角为零的状态下进行的。一般要求在每次试验停止后,也记录天平和传感器的输出信号,目的是考察系统的零漂。零读数采用计算机内部时钟触发重复采集,并进行算术平均。

初读数采集是在旋翼模型静止($n=0$),总距和周期变距为零,无风,主轴倾角为试验值的状态下进行的,目的是扣除质量力对旋翼天平的影响。初读数也采用计算机内部时钟触发重复采集,并进行算术平均。

运行数采集在旋翼模型达到要求的状态时进行,采用方位角同步触发采集,采集样本的长度根据试验任务的要求确定。通常采集80周的数据,然后以8周的数据作为一个样本进行平均处理。平均后的8周数据作为原始数据保存。

原始数据的记录、存储有效数位应不少于十进制的8位。原始数据在记录或存储后,不应修改。

2. 数据处理

对每一个状态下的运行数据的原始数据扣除零读数和初读数的影响后,进行快速傅里叶变换(FFT),得出静态量和谐波量;然后将静态量和各阶谐波幅值代入天平公式或传感器计算公式进行计算,得出相应的工程量。

取原始数据的7周数据,扣除零读数和初读数的影响,代入天平公式或传感器计算公式进行计算,得出对应旋翼方位角的结果,也标为时间历程结果。

3. 结果数据形式

通常,旋翼的气动载荷静态量以无量纲的系数的形式给出,同时其动态量(包括时间历程结果)以工程量给出。

试验结果还应给出对应的试验状态数据,包括风速、旋翼转速、温度、大气压、主轴倾角、总距和周期变距等。

4. 试验结果精度

试验结果的重复性精度,应满足GJB 5202—2003《直升机旋翼风洞试验通用要求》中的要求。

5. 试验数据文件

每个试验数据文件应有唯一的文件名,并与其对应的试验编号相关。试验数据文件应包括说明性信息和试验数据两部分。其中:说明性信息可包含试验数据处理所需要的参数数据和其他需要说明的信息,如试验风洞、试验时间、试验时的大气条件、试验动压、模型组合状态、模型姿态角等;试验数据部分可包括试验数据和各数据的名称,宜采用二维数据表的记录形式。这种二维数据表的每一行是按规(约)定排序记录的一个试验点的试验数据。

2.4.4 试验报告的编写

直升机旋翼风洞试验报告格式应符合 GJB 567A—1997《中国国防科学技术报告编写规则》的规定。特殊情况下，报告格式也可由试验任务委托方与试验承担方协商确定，但应包括引言、正文、结论及相关图表等内容。

引言部分包括：报告所涉及的试验任务的来源、试验任务委托方名称、承担单位及试验任务的批准部门；试验提出的技术背景、试验目的和内容；实施风洞试验的时间等内容。

正文部分包括：试验设备、模型和试验方法，试验数据处理与修正，误差分析，试验结果说明与讨论等内容。

结论部分应科学、真实、可靠；应对本期试验的质量控制和试验结果的可靠性加以说明；应总结试验报告正文，以条目的形式归纳出本期试验与试验目的有关的结论；可包括本期试验中出现的、试验前未能预见的现象和问题，以及围绕这些现象和问题的建议和分析；可对本期试验涉及的选型与改型问题给出倾向性的评估意见。

试验报告中可包括模型、试验台及风洞的照片，数据表与数据曲线图等内容。试验结果曲线大体上可分为基本特性曲线、比较试验曲线和重复性试验曲线等。

2.4.5 技术文件的交付与归档

1. 技术文件的交付

试验结束后，试验任务承担方应适时向试验任务委托方交付有关技术文件：运转计划表；经过试验任务承担方技术负责人批准并打印成文的风洞试验报告；以只读光盘为载体的数据文件盘一张，包含有结果数据文件及一份包括模型照片、数据表与数据曲线图在内的完整的试验报告文件；经双方协商同意应交付的其他文件。

试验委托人提出的在试验结束时及时得到试验结果数据文件的要求可有条件地得到满足，其条件是所有的试验数据必须以经过批准的试验报告为准。在试验报告被批准以前对试验结果的引用为非授权引用，试验任务承担方对这一引用可能产生的负面影响不承担责任。

2. 技术文件的归档

技术文件归档应由试验任务负责人整理、填写档案序言并向规定的档案部门移交。

档案序言应至少包括：试验的来源及背景；承担试验任务的风洞及设备；试

验任务的主要参加人员;试验任务运行的起止日期及其他被认为值得记载的事宜等内容。

技术文件应完整归档。对于一期风洞试验,试验技术文件归档的内容应至少包括档案序言、试验报告、试验任务书、试验大纲、运转计划、值班长记录、值班分析日志、原始数据、试验结果数据、试验数据处理源程序、风洞试验照片或录像。

2.5 发展趋势分析

国内在直升机旋翼气动力风洞试验技术方面仍然在不断摸索前进。与国外相比,在试验模拟准则方面,目前普遍采用马赫数动力相似准则,而从地面和风洞试验到真实飞行试验之间的试验模拟参数研究还较少。在试验设备体系方面,国内直升机试验空气动力学研究方面还仍有较大的提升空间,与国外相比差距主要表现在:试验技术精细化和先进性有待提升,多旋翼气动干扰试验能力有待建立,试验模拟能力还有待提升(主要指旋翼直径限于4m量级,试验风速限于70m/s等),试验数据库和试验标准规范建设有待系统规划等。未来国内在直升机旋翼气动力风洞试验能力体系方面将在以下方面开展工作:

(1) 构建完整的试验设备体系。建设战略型设备全尺寸风洞,形成大小尺寸配套的风洞试验基础设施群;构建从缩比模型到全尺寸实物、从常规构型到共轴、倾转、新概念的直升机试验台;具备数据测试简便的飞行试验平台。

(2) 构建先进的试验技术体系。建立精准的静、动态测试技术;建立有效的风洞至飞行的测试手段。

(3) 构建一体的试验能力体系。涵盖所有直升机部件及全机模型的空气动力学试验需求,涵盖直升机空气动力学气动、结构、飞行动力学等多学科交叉的试验需求,建立完善规范的试验标准体系。

第 3 章
旋翼气动特性风洞试验装置

风洞是一种"使空气相对于模型运动"的试验设备,自 1871 年投入使用以后,推动了空气动力学研究的深入,降低了飞行器研制的风险,加速了飞行器的发展。

风洞试验用的直升机旋翼模型主要有两种缩比方式,即马赫数相似模型和弗劳德数相似模型。马赫数相似模型主要研究旋翼桨叶载荷、噪声和全机性能,达到桨尖马赫数相似的模型。在以空气作为试验流体的风洞中试验时,这些马赫数相似的模型所需功率很高,载荷很大。弗劳德数相似模型保证了由于重力引起的挠曲的几何相似。模型桨尖速度与缩尺因子的平方根成正比,因而相对于桨尖马赫数相似来说,其动荷系统应力、旋翼系统应力和所需功率显著降低。一般用于气动弹性稳定性和飞行品质研究所必需的自由和半自由飞行试验。由于本书所介绍的是旋翼气动力特性,因而所用的是马赫数相似的模型。

通过旋翼模型风洞试验可以验证假设、理论或定律,研究已知现象,探求意料不到的现象,优化构型,证实设计的性能。开展旋翼模型风洞试验必须具备可靠的试验数据采集处理和显示系统、远程控制的旋翼操纵系统以及精细设计的马赫数相似模型,只有如此,才能充分发挥旋翼模型的空气动力学风洞试验的有效作用。

3.1 旋翼试验装置基本构成

风洞中进行旋翼空气动力学试验研究的主要装置是试验台,它一般应具备以下能力:可驱动旋翼运动并达到额定的桨尖速度(一般为 $Ma=0.64$);模型的姿态可控,如旋翼的总距角、周期变距角以及轴倾角等;重要试验参数可以实时显示、监控,如旋翼的拉力、力矩以及安全监视的振动、温度信号等。试验台一般由动力、传动、操纵控制、测量和数据采集等系统组成。

3.1.1 数据采集和监视系统

旋翼试验对模型测试设备、数据采集和数据显示的要求非常高,测量的不仅有气动载荷,还来自旋翼桨叶、台体的变形、振动、温度等。试验时,需要对模型旋翼载荷、转速及角度等关键参数能够实时采集处理和监视报警,同时实时显示需要控制的参数,作为调整模型状态的依据。数据采集单元与监视单元是双触发并行采集,两个单元不同的是数据监视的采集是不间断的,在试验开始前启动,一直采集到试验结束;而数据采集只在几个稳定状态采集指定圈数的数据。旋翼试验数据采集和监视系统示意图如图3-1所示,结构框图如图3-2所示,数据采集与监视使用一套硬件采集数据,通过网络进行数据分流,实现监视报警系统和数据采集系统的数据共享,从源头上保证两系统数据的一致性。

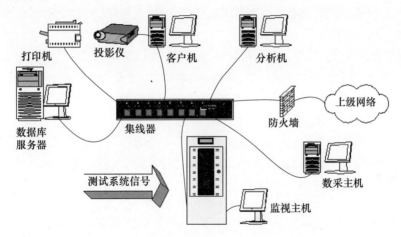

图3-1 旋翼试验数据采集和监视系统示意图

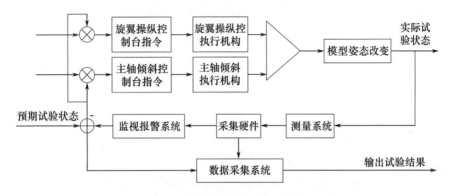

图3-2 旋翼试验数据采集和监视系统结构框图

现代旋翼试验中对于信号测量占主要地位的是应变式测量设备,具有以下特点:所提供的数据不仅量大而且有静态和动态传输之分(如来自旋转系统的桨叶运动载荷),要通过集流环来将数据传递出来;不仅要测量气动性能特征的常规力和力矩数据,而且实时采集和显示结构动力学数据,在试验时实时采集和显示结构动力学数据对于试验成功是非常重要的;为增强风洞中旋翼试验能力和提高效率,试验中常常采用依据旋翼模型的气动力载荷进行远距离操纵控制的方法;试验中旋翼模型可能承受剧烈的疲劳载荷,系统的安全监控能力是特别需要被考虑的。由此,数据采集和监视系统应该具有三个主要部件,按照重要性依次为安全监视部件、气动载荷(力和力矩数据)部件和结构/动态数据部件。

1. 安全监视部件

功能上包含故障在线实时监测及报警和视频监测两个部分的内容。安全监视子系统能够在试验准备到试验结束的整个试验流程中,对旋翼模型安全性做出量化评估、监控。

旋翼高速旋转导致试验台所处环境恶劣、振动多种多样,常见的振动故障为转子质量不平衡、轴线不对中、轴弯曲、轴裂纹、轴承松动、基础变形、油膜涡动、高次谐波振动、随机振动等;监视的内容包括桨毂振动监视、减速箱振动/温度监视、轴承处振动/温度监视、电机温度监视、油液压力/温度/流量监视等。

由于旋翼高速旋转,普通视频监控设备仅能得到试验台静止部分的清晰图像,运动部分(桨毂、桨叶)的图像由于快门时间过长将模糊成桨盘,不利于实时监测试验台状态。为了达到实时监视运行状态的目的,一般采用单反相机和脉冲激光光源协同触发工作的视频监测设备。通过试验台旋转轴上的旋转编码器进行等角度位置触发,重复抓拍旋翼旋转至同一角度的瞬态图像。

从任务上可以分为三块:①试验台运行前的结构振动模态分析,具备共振频率检测能力,能够获取振型并动画演示,分为静态模态分析与工作模态分析;②旋翼试验台运行时(从启动至停机)的振动状态监测,以及故障诊断和报警功能,针对动平衡失效、轴承故障、齿轮箱故障等设备故障状态,包括超限报警、紧急停车、高速摄影等功能;③试验台运行前的动平衡调试。

2. 气动载荷(力和力矩数据)部件

数据采集和监视部件由于实际的需要一直处于不断的改进之中,测量对象是旋翼模型试验系统的天平、温度、压力、应变、编码器等信号,从功能上包括采集、计算、显示、存储、回放、后处理、数据分析7个部分。从性能上满足精度、准度要求,同时具有强的可靠性和低的故障率,具备简洁友好的人机界面、简单明了的操作步骤,以及和试验台其他子系统畅通良好的通信交流。针对旋翼试验的数据采集系统还要应对潮湿、大功率电机带来的电磁干扰。

数据采集子系统与台体、传感器、动力系统、操纵系统协同工作,根据针对特定试验预设的采集参数和数据组织形式,试验时手动或自动接收命令完成数据采集和实时显示任务,并可进行旋翼试验过程中的数据联机分析,试验后回放和后处理试验数据,并使用图像化界面分析获取的试验数据。数据采集系统使用磁盘阵列保留试验台所有数据备查,并配套相应软件在不同时间进行数据分析。另外,模型操纵系统的位置,如自动倾斜器的总距、纵向和横向周期变距输入量也予以显示和记录。天平测得的振动疲劳载荷连续地显示于安全监视设备的屏幕上。

3. 结构/动态数据部件

结构/动态数据部件功能上包含模态分析和动平衡测试两个部分的内容。它和安全监视部件一起,构成对旋翼模型以及试验台的安全防护。

模态分析的目的是分析试验台的动力学特性,确定共振频率,获取振型并动画演示,避免试验台运行频率与共振频率重合时产生危险,对设备、人员造成危害。常用方法是对试验台在某个方向上施加一个正弦扫频激励或脉冲激励,同时记录下激励(力)与响应(加速度)的波形,经过数学处理得到试验台在该方向上的共振频率。

一般来说,桨叶之间由于加工的误差都会存在质量和质心位置的差异,导致试验台在运行时由于动不平衡的影响存在较大的振动。动平衡分析的目的是校正安装桨叶后试验台的动态不平衡,校正过程常常不能一次到位,需要反复迭代,最终得到最小的剩余振动量。

3.1.2 旋转信号传输系统

旋翼试验时所产生的信号主要包括旋转信号与非旋转信号两部分,其中旋转信号主要有旋翼扭矩、桨叶弯矩、桨距角、桨叶表面压力、变距拉杆载荷等,非旋转信号主要有旋翼天平、机身天平及机身表面压力信号等。后者可直接通过专用信号线缆传输到数据采集系统,旋转信号的传输有两种途径:一种是通过引电器(又称集流环、集电环、滑环等)以模拟量的形式将信号连接到数据采集系统,另一种是在桨毂上对信号进行采集,通过无线的方式传输到数据采集与处理系统。

1. 引电器

引电器担负着旋转的部分与不旋转的部分之间电的联系。例如,它可以用来把非旋转的精度稳压直流电源引到桨毂上给旋转的扭矩天平供电,同时将旋转的扭矩信号传输到数据采集系统进行信号采集处理。引电器按工作原理主要分为水银式引电器、感应式引电器和电刷式引电器三种。

水银式引电器是利用水银的导电性能,作为定子和转子之间的导电介质而起到导电作用。水银式引电器的接触电阻小且稳定,能适应一般测量要求,但水银式引电器的最大问题是水银有毒。水银受热后不断蒸发,会对人体产生较大危害,且水银有较大的浸蚀作用,集流环需经常维护检修,使用寿命短。所以在常规测量中这种方法基本被淘汰。

感应式引电器又称为回转变压器或无触点式集流环,是利用电磁感应的原理将旋转部分的电信号传到固定部分,免除各种接触点,不存在接触电阻等问题。由于实现了无接触信号传递,因而消除了接触电阻及摩擦升温的热电势。但感应式集流环由于测量电桥的供电和信号输出都靠变压器传递,故传递效率很低,且变压器传递必然引起信号失真。另外,这种集流环不能用于直流供桥的测试系统。

直升机风洞试验中常采用电刷式引电器,电刷式引电器的转子是一系列紧套在旋转轴上的银质(或镀金)滑环,滑环与轴以及滑环自身之间均用绝缘材料隔开,定子是一系列装有压紧弹簧的电刷。通过联轴器联结在转轴上,定子固定在台体上,靠电刷与滑环的紧密贴合进行应变信号的传递。电刷式引电器结构简单、坚固、成本低;主要缺点是所测元件高速运转时,接触电阻较大且不稳定。图 3-3 是直升机试验中用到的引电器。

图 3-3 引电器

2. 无线遥测装置

无线遥测是通过无线传输的方式将采集转换后的信号传输到地面服务器,

解析处理后再将试验数字信息通过有线网络传输到数据采集系统。系统的结构示意图和测量发送单元如图3-4和图3-5所示。

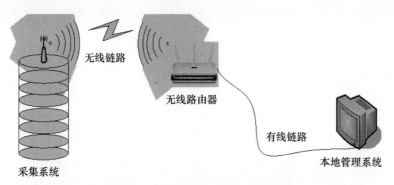

图3-4 无线遥测系统总体示意图

图3-5 测量发送单元

3.1.3 旋翼操纵控制系统

旋翼操纵控制系统是对旋翼桨叶进行操纵控制的装置,通过对旋翼桨叶总距角及横向和纵向周期变距的操纵控制,达到调整旋翼的升力系数(或垂向力系数)、配平旋翼滚转力矩及俯仰力矩的目的。旋翼操纵系统主要由电动缸、伺服电机及驱动器、伺服控制器、控制计算机等组成,其结构框图如图3-6所示。

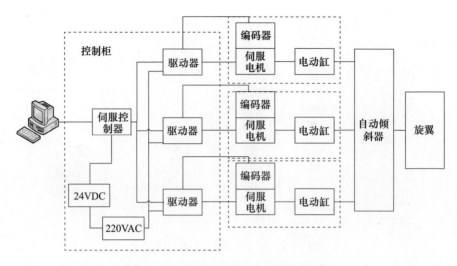

图 3-6 旋翼操纵控制系统结构框图

旋翼操纵控制系统一般采用三轴同步控制技术,通过电动缸推动自动倾斜器方式,如图3-7所示。自动倾斜器的关键组件为一对旋转环和不动环,它们可以绕球轴承做任意方向的摆动及跟随着球轴承上下运动。不动环采用三节点均布支撑控制,三节点分别与三个作动筒相连;变距拉杆与桨叶的变距摇臂相连并跟随桨叶同步旋转。通过计算机控制电动缸推动自动倾斜器实现对旋翼总距及周期变距的操纵,电动缸是一个精巧而复杂的装置,主要实现将伺服电机的旋转运动通过丝杠和丝杠副的机械运动转换为推杆的直线运动,并且利用伺服电机的闭环控制,实现对推力、速度和位置的精密控制;电动缸在控制和使用上的方便性可以实现汽缸和液压缸传动所不能实现的精密运动控制。

电动缸驱动由直流电机、减速器、刹车、驱动器和电机编码器来实现。运动控制系统包括集成的具有多轴控制能力的运动控制器、一定数量的数字I/O端子及模拟I/O端子。

电气保护包括超差检测和保护、超限检测和保护、过载检测和保护以及过流检测和保护,其中超限由安装在电作动筒筒外的限位开关来检测,其余电器保护功能通过检测电机的运行参数来实现。

电动缸结构紧凑、性能稳定、易于维护,能够长时间稳定工作,并且对其他系统干扰小,为了系统安全,有失电自锁式刹车。一般采用感应式步进电机,体积小控制精度高,传动方式为并列式以缩减作动筒外形长度,传动部件采用精密滚珠丝杠,外套中空厚壁支杆,既可保护丝杠又可增大作动筒承载能力;位置反馈可选择电机编码器及外接光栅尺的一种或者二者并用的方式。

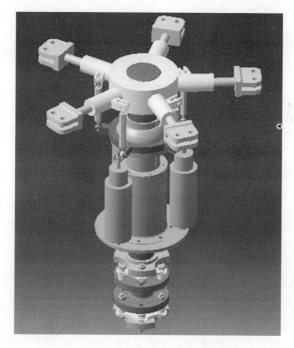

图 3-7 旋翼操纵控制系统示意图

3.1.4 动力传动系统

试验台动力系统为旋翼转动提供动力,实现旋翼桨尖马赫数模拟的功能。为了解决马赫数缩尺动力相似旋翼模型动力系统功率和体积的矛盾,一般采用较高转速的动力装置来减小其体积,再通过减速器驱动旋翼轴,这种布局也方便了引电器的设计和安装。

动力系统一般由电机、减速器、传动轴、联轴节、润滑等组成。基本要求是:其最大连续输出功率要能覆盖旋翼模型的试验包络线(含悬停及大速度前飞);具有可连续调节很宽的转速范围,满足桨尖马赫数模拟的转速要求,在转速范围内具有良好的转速稳定性;操纵控制简单,便于维修保养。

目前广泛应用的动力源有直流电机、交流变频电机、气动或液压马达等,都需要配套的电源、气源或液压源。随着变频控制技术的成熟应用,现在的直升机试验台广泛采用交流变频电机作为直升机试验台的动力源。交流变频系统具有以下优点:

(1)调速时平滑性好,效率高,低转速时相对稳定性好。

(2)调速范围较大,精度高。

(3)启动电流低,对系统及电网无冲击,节电效果明显。

变频调速系统一般由变频电机、变频控制器、上位控制计算机及电气开关、编码器等组成,如图3-8所示。

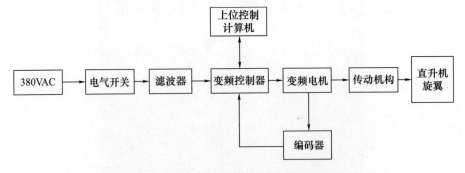

图3-8 动力系统变频调速结构示意图

采用变频调速方式进行转速控制时,为了避免对旋翼天平等测试信号的干扰,在设计时必须考虑系统电磁兼容(EMC)性。一般将系统的电磁兼容性指标按要求分解成元器件级、电路级、模块级和产品级,逐级分层次地进行设计,合理确定指标并运用接地、屏蔽等技术,减少各种电磁干扰。

传动轴和减速器在满载情况下连续运转时温度不得高于60℃,须有减振措施,以保证平稳运行。

3.2 国内外旋翼试验装置概览

3.2.1 美国旋翼试验装置

1. 美国国家全尺寸空气动力设施的大型旋翼试验装置

20世纪70年代中叶,NASA研发了旋翼试验装置(RTA,拉力可达25000lbf),并且在20世纪90年代发展了大型旋翼试验装置(拉力达到52000lbf),两个旋翼试验装置都有载荷测量装置,包括测量载荷的旋翼天平和扭矩天平及挠性耦合轴。

图3-9给出了大型旋翼试验装置安装在40ft×80ft(1ft=0.3048m)试验段中的情况。

大型旋翼试验装置的外部形状(图3-10)基本是一个旋成体,由3根风洞支柱支撑,两前一后。包含在大型旋翼试验装置外罩结构(机身)中是一个主支撑地盘的框架,它直接与3根支柱连接。传动机构、对称分布在两端的驱动电机、机身罩等部件直接安装在框架上。动力系统电机功率为每台3000hp(1hp=735W);具有测量稳态/动态旋翼桨毂载荷的五分量旋翼天平,以及旋翼扭矩天

第 3 章　旋翼气动特性风洞试验装置

图 3-9　大型旋翼试验台安装在全尺寸风洞

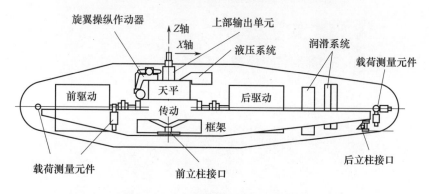

图 3-10　大型旋翼试验装置示意图

平和用于解耦的弹性联轴节；测量机身稳态气动载荷的六分量机身载荷测量系统；带稳态和高阶谐波控制(HHC)的旋翼控制系统(包括控制台)；上端旋翼轴可替换，用于安装不同的旋翼系统。

2. NASA 兰利研究中心分离式旋翼试验系统

直升机机身由风洞下支撑系统固定，旋翼由安装在风洞上壁板的旋翼系统支撑，二者是分离的(图 3-11)。旋翼试验系统由驱动电机、天平和旋翼控制系统组成，固定在风洞的上攻角机构上，在保持旋翼中心位置不变的情况下，能够改变整个系统的攻角。电动机功率 50hp，可以试验直径 2m 的旋翼，固定和旋转部件间的数据传输由一个 36 通道的引电器完成。

3. 西科斯基公司直升机旋翼试验台

美国西科斯基公司飞机部拥有一个西科斯基直升机通用旋翼试验台，并在许多风洞中进行过旋翼试验。图 3-12 是试验平台在 NASA 刘易斯研究中心结

图 3-11　NASA 兰利中心分离式旋翼试验台

图 3-12　西科斯基直升机旋翼试验台在结冰风洞试验

冰风洞（IRT）中的旋翼结冰试验。该试验台由 2 台三相变频感应电机驱动，能提供旋翼最大转速为 2286r/min，旋翼最大翼尖速度为 222m/s。

3.2.2　欧洲旋翼试验台

1. 法国宇航研究院 S1 风洞旋翼试验台

法国宇航研究院 S1 风洞是世界上最大的跨声速风洞之一，拥有一个直径 4.2m 旋翼试验台，旋转信号传输的引电器有 212 个通道，试验台最大旋转速度为 1100r/min，功率为 550kW。轴的倾转角后仰 +20°，前倾 -95°，倾转变化速度最大 2(°)/s，如图 3-13 所示。

图 3-13　法国 ONERA S1 风洞中直径 4.2m 的试验台

2. 德国宇航研究院旋翼试验台

德国宇航研究院研制有直径 4m 量级的旋翼试验台 ROTEST Ⅰ、ROTEST Ⅱ，以及旋翼/机身/尾桨组合试验台 ROTOS。

ROTEST Ⅰ（图 3-14）试验台安装在风洞地板之上，使用液压马达驱动旋翼，于 1979 年投入使用。现主要使用的试验台为安装在 DNW LLF 风洞通用支撑装置上的 ROTEST Ⅱ、ROTOS。

图 3-14　DNW LLF 风洞闭口试验段的 ROTEST Ⅰ 试验台

ROTEST Ⅱ(图3-15)主要用于开展旋翼空气动力学基础研究性试验,试验台由动力系统、旋翼天平、旋翼控制系统、测控采集系统组成。动力系统为一台9个活塞的轴向液压马达和配套的可移动液压泵站,液压马达的动力通过齿形带传送到旋翼轴,旋翼轴的最高转速为1050r/min,最大功率为130kW。试验台能够安装BO-105等无铰式旋翼,也可安装铰接式旋翼。旋翼天平为五分量天平,用于测量旋翼的滚转和俯仰力矩以及水平力、垂向力、侧向力。天平的传力杆同时连接了应变式力传感器和压电式传感器,能同时测量静态力和动态力。旋翼扭矩使用安装在旋翼轴和传动轴之间的筒式扭矩测量元件测量。旋翼操纵作动器为安装在自动倾斜器不旋转环下的三个电作动筒。1990年配套了液压作动筒,能实现对桨叶安装角的高阶谐波控制激励操纵。

图3-15　DNW LLF风洞开口试验段的ROTEST Ⅱ试验台

ROTOS主要用于开展旋翼/机身/尾桨组合模型试验,在直升机设计阶段为全机气动布局设计提供依据。试验台的旋翼天平、旋翼操纵系统与ROTEST Ⅱ类似。试验台结构紧凑,各系统元件高度集成于机身模型内,并可安装窄机身布局的武装型直升机的机身模型。但由于机身模型内的空间限制,不能安装使用HHC操纵的液压作动筒。使用锥齿轮减速箱将液压马达的输出动力传递到旋翼轴。在试验台上还安装有一台六分量的天平,测量机身、尾翼及尾桨等部件产生的气动力和气动力矩,为操纵直升机配平到真实飞行状态提供依据。

3.2.3 俄罗斯旋翼试验装置

俄罗斯 T-101 风洞有两个直升机试验台:一个是全尺寸直升机试验台,该试验台由两台 750kW 电机驱动,试验台下部引电器有 32~80 个通道(图 3-16);另一个是研究主旋翼在前飞或悬停状态下对尾桨干扰的试验台,该试验台驱动电机功率为 400kW,利用此试验台进行了大量 Ka-50 直升机试验(图 3-17)。

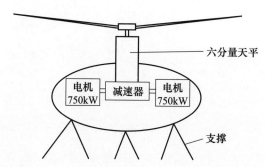

图 3-16 T-101 风洞全尺寸直升机试验台示意图

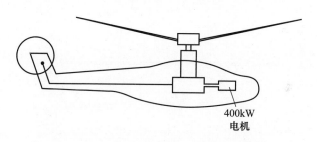

图 3-17 T-101 风洞直升机试验台示意图

3.2.4 国内主要旋翼试验台

国内的直升机试验台有中国空气动力研究与发展中心(CARDC)的直径 4m 直升机旋翼/机身组合模型试验台、直径 4m 直升机旋翼/机身/尾桨组合模型风洞试验台、直径 2m 直升机旋翼模型试验台、直径 5m 立式风洞直升机垂直升降台,此外还有南京航空航天大学的直径 2m 直升机试验台、旋臂机等。中国航空工业直升机设计研究研(CHDRI)的全尺寸试验台、尾桨试验台、直径 4m 直升机试验台等。目前能够进行直升机风洞试验的只有 CARDC 的试验台和南京航空航天大学的直径 2m 直升机试验台。这里主要介绍直径 4m 直升机旋翼/机身/尾桨组合模型风洞试验台、直径 2m 直升机旋翼模型试验台和直径 5m 立式风洞直升机垂直升降台。

1. 直径4m直升机旋翼/机身/尾桨组合模型风洞试验台(图3-18)

图3-18 直径4m直升机旋翼/机身/尾桨组合模型风洞试验台

试验台包括主试验台和尾桨模型试验台,具有旋翼/机身/尾桨组合模型试验能力。主试验台由台架系统、动力系统、操纵控制系统、主轴倾斜系统等组成,总体示意图如图3-19所示。该试验台可完成直径4m量级旋翼/机身组合模型的悬停和前飞风洞试验。

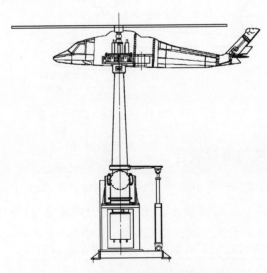

图3-19 直径4m旋翼模型试验台结构

试验台台架系统主要包括活动台架和固定台架两大部分。活动台架包括传动轴、减速箱等部分;固定台架包括底座、变频电机、主轴倾斜电动缸等部分。活动台架和固定台架通过活动减速器、台体摆动中心和主轴倾斜电动作动筒连接成一体。风洞试验中减速箱及以下部分在风洞地板下,有效地减小了试验台的支架干扰。

由于电机位于固定台架,旋翼轴与电机输出轴不同轴,为满足活动台架变旋翼轴倾角的要求,动力传动由专门设计的活动减速器实现。活动减速器为两级减速,级与级之间可改变角度,减速箱通过液压润滑油进行润滑和冷却。

尾桨试验台主要由尾桨操纵控制系统、动力系统、台架系统及随动系统组成。尾桨模型试验台可完成尾桨模型的悬停及前飞试验,能进行尾桨形式(普通、涵道式等)、尾桨参数以及尾桨性能等选型试验。配合直径4m直升机旋翼/机身组合模型试验台,能进行直径4m旋翼/机身/尾桨/尾面组合模型全机干扰试验。尾桨模型试验台的总体结构示意图如图3-20所示。

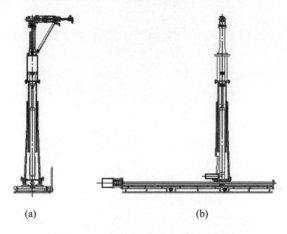

图3-20 尾桨模型试验台总体结构

尾桨模型试验台的台架系统由随动系统、传动系统等组成。随动系统是进行旋翼/机身/尾桨组合模型试验时,尾桨系统随主轴倾角变化而改变位置的装置,由二维电动可调(Y向、X向)、一维手动微调运动装置组成。通过精密丝杆传动可改变尾桨相对于主旋翼的前后位置。改变滑筒伸缩长度可改变尾桨的高度。减速器将竖直方向的动力转换成水平方向,以驱动尾桨转动。

2. 直径2m直升机旋翼模型试验台

该设备由动力、传动、滑油、测量、操纵、主轴倾斜、台体等系统组成(图3-21),动力系统由交流变频电机和变频器组成,试验台旋翼中心距地面高度为2275mm,旋翼轴额定工作转速为2100r/min,额定功率为65kW,转速控制精度为3r/min。主轴倾斜系统由一个电动作动筒和驱动控制单元组成,电动作动筒位置控制精度为±0.05mm,主轴倾角范围为-25°~15°。旋翼操纵系统由三个电动作动筒和驱动控制单元组成,总距角操纵范围为0°~25°、纵向周期变距角范围为-15°~15°、横向周期变距角范围为-10°~10°。测量系统由旋翼天平和扭矩天平等组成。

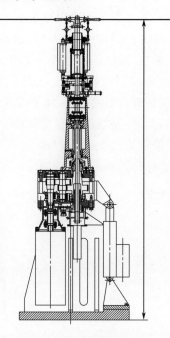

图3-21 直径2m直升机旋翼模型试验台总体图

3. 直径5m立式风洞直升机垂直升降试验台

直径5m立式风洞直升机垂直升降试验台主要用于开展旋翼模型的垂直升降带动力试验。试验台建成以后,应用直径2m量级的旋翼模型成功开展了悬停和垂直升降试验,能够承担型号研制中的直升机垂直升降性能试验及机理性研究试验,如直升机上升、涡环等状态的性能研究,直升机垂直升降状态的武器外挂发射与投放研究,直升机垂直运动状态的下洗流场测量等。

试验台采用双塔架支撑的方案,分为活动台架和固定台架两部分(图3-22)。活动台架包括桨毂、自动倾斜器、旋翼操纵控制系统、上传动轴、旋翼天平、扭矩天平、弹性联轴节、下传动轴、减速器Ⅱ;固定台架包括双塔架、电机及减速器Ⅰ。活动台架和固定台架通过两侧横梁连接成一体。双塔架之间的两侧横梁一侧负责将电机的扭矩传递到主台体,另一侧负责通过轴端的主轴倾角系统改变旋翼主轴倾角,动力电机置于风洞流场外,旋翼主轴倾角系统和动力系统之间的运动互不干涉。整套台架系统在直径5m立式风洞中的阻塞度为4.8%。

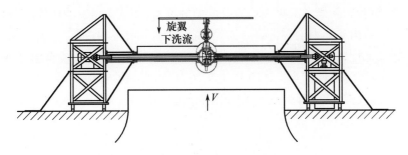

图 3-22　直升机垂直升降台结构示意图

试验台台体通过复合减振元件支撑在试验大厅地面,分为垂直下降和垂直上升两种状态,通过不同长度的张线辅助固定。垂直下降试验时,主台体向上,桨毂中心距离试验大厅地面高 3m。垂直上升试验时,两侧塔架分别加装高 2.4m 的过渡台架,通过主轴倾角系统将主台体向下倒置,桨毂中心距离试验大厅地面高 3m。图 3-23 为试验台在直径 5m 立式风洞中试验。

图 3-23　垂直升降台在立式风洞中试验

3.3　发展趋势分析

旋翼试验装置是开展直升机试验空气动力学研究的基础,国内现有的试验装置目前能基本满足常规构型直升机旋翼试验气动性能考核的需求。对比国外直升机试验装置发展水平和国内直升机发展需求,下一步,在直升机试验装置方面,可发展形成一套相对完整的试验设备体系,主要体现在六个方面:①从尺度上构成体系,涵盖 1~16m 旋翼直径的试验设备;②从构型上构成体系,涵盖常规、共轴、倾转和新概念旋翼飞行器等构型的设备;③从学科上构成体系,涵盖直升机气动、结构和动力学等学科的试验设备;④从手段上构成体系,涵盖风洞、地面模拟器、飞行试验手段的设备;⑤从部件上构成体系,涵盖开展翼型、桨叶、旋翼、机身、尾桨等部件及全机试验的设备;⑥从问题上构成体系,涵盖流动、气动、噪声、结冰、气弹、着舰等关键气动问题的研究设备。

第4章
旋翼气动性能试验研究

直升机具有垂直起降、空中悬停、机动灵活、低空低速飞行等特点,在军用、民用两方面的需求促进了直升机技术的发展,使得直升机在各领域得到了更广泛的应用。旋翼系统是直升机唯一的升力面和操纵面,也是直升机平台的关键动部件。因此,直升机的性能主要取决于旋翼系统的性能。

风洞试验是评估旋翼气动性能的重要手段之一,先进的风洞试验设备、试验技术及方法,能够使风洞试验朝着更接近直升机真实飞行条件的方向发展。目前,随着相关技术的研究发展,旋翼模型风洞试验技术得到了一定的提高。特别是旋翼模型的远距离实时操纵控制技术,以及状态参数实时显示技术的成熟及应用,不仅提高了试验的效率,也增强了试验过程中的安全性,更为重要的是可以根据研究的需要,通过采取相应的控制方式,准确控制试验的状态参数。

在直升机型号研制过程中,为考核旋翼系统的设计性能指标,开展旋翼模型风洞试验研究,能够为准确评估该直升机旋翼系统的气动性能提供可靠的试验依据。

4.1 旋翼悬停状态地面效应及性能试验研究

悬停是直升机区别其他飞行器和最具特色的飞行状态。当直升机贴近地面悬停或低速飞行时,在一定的功率下,旋翼的拉力较远离地面时有所增加,或在一定的拉力下,旋翼的需用功率较远离地面时有所减小,这种现象称为地面效应。

地面效应对直升机的起飞和着陆有很大意义。在地面效应范围内直升机可做超载起飞,以提高直升机的承重能力。在直升机自转垂直降落时地面效应能起减速作用,可稍减小垂直着陆速度。

本节开展旋翼模型悬停状态的地面效应试验研究。试验是在直升机悬停间,利用升降地板以及直升机试验台开展的。完成了三个不同安装高度的试验台的悬停地面效应试验,考核了试验数据重复性,研究了地面效应数据特性,并对多组的旋翼距地板相对高度 H/D(用旋翼直径 D 对旋翼距地板高度 H 进行归一化)下的拉力系数-功率系数规律进行了比较。

另外,开展了旋翼模型地面悬停试验,获得的悬停性能结果,为考核某直升机旋翼系统的设计性能指标,准确评估旋翼系统的悬停性能提供试验依据。

4.1.1 试验设备简介

1. 直升机模型试验台

试验台由台架系统、动力系统、测量系统、操纵控制系统、主轴倾斜系统、数据采集处理系统、监视报警系统及振动监视系统组成。其中旋翼天平为六分量框式应变天平,其设计载荷及静校精准度见表4-1。

表4-1 旋翼天平设计载荷及静校精度

载荷分量	拉力 F_y	阻力 F_x	侧力 F_z	滚转力矩 M_x	偏航力矩 M_y	俯仰力矩 M_z
设计载荷	±9600N	±1950N	±850N	±400N·m	±490N·m	±620N·m
静校精度/%	0.10	0.10	0.10	0.10	0.10	0.10
静校准度/%	0.10	0.22	0.21	0.19	0.27	0.10

试验台扭矩天平为筒式单分量天平,每台天平贴有两组应变桥测量扭矩。扭矩天平的设计载荷为 ±1650N·m。

试验台数据采集处理系统由 PXI 系统组成,采集处理通道为96个,能进行方位角触发同步采集。采用 FFT 对动态信号进行谐波分析,并给出各阶谐波值。

直升机旋翼模型试验台高度约为4m。开展地面效应试验时,试验台分别安装在2.3m 和4.6m 过渡台架上,桨毂中心距地面高度为8.6m 和6.3m(分别称为8.6m 和6.3m 高度试验台)。4m 高度试验台则是试验台通过6个橡胶圈直接安装在悬停间支承底座上。

为了满足地效试验对试验台高度的要求,采用在悬停间支承底座和试验台之间加装过渡台架的方法,很好地保留了试验台的结构和功能,但必须解决台架与旋翼模型的动力学匹配的地面共振问题。

2. 直升机地面悬停间及升降地板

直升机地面悬停间是供直升机模型进行地面调试和悬停试验的场所,其横截面为八角形,高度为17m,内切圆直径为16m。悬停间的顶部密封,侧上方有无法开启的金属百叶窗及纱网,侧下方为可开启的卷帘门,试验时下方卷帘门为开启状态。悬停间内安装有可升降的工作地板,地板为圆形,直径为10m,升限为6.5m。

4.1.2 试验及数据处理

1. 旋翼模型

1) 地面效应试验模型

采用直-9马赫数相似旋翼模型,共4片桨叶,旋翼直径为4m,旋翼实度为0.0822。桨毂为全铰接式,筒式黏弹阻尼器。悬停状态地面效应试验如图4-1所示。

图4-1 悬停状态地面效应试验

2) 悬停性能试验模型

由桨毂、自动倾斜器及桨叶组成,其桨尖可进行更换。其中桨毂模型为铰接式结构,有五个桨叶支臂。桨叶模型为复合材料、动力相似模型,旋翼模型特征参数如下:

桨毂质量/半径/形式:57kg/0.31m/铰接式;

桨叶负扭角：-12°；
桨叶基本弦长：0.1197m；
桨叶片数：5片；
旋翼直径：4m；
旋翼实度：0.09527；
旋翼旋转方向：俯视顺时针；
旋翼额定转速：1044r/min（Ω = 109.3rad/s）；
桨尖形状：抛物线后掠。

2. 试验方法及内容

1）地面效应试验前准备

（1）地面共振排除：由于首次在悬停间利用带过渡台架的试验台进行带动力试验，必须对不同高度试验台进行动特性测试，以确定其能否满足试验要求。台体的动特性测试结果经过分析计算表明，在旋翼的工作状态没有地面共振的可能性。

（2）旋翼模型恢复、安装和调试：确定不会发生地面共振后，系统进行了安装调试。恢复各分系统功能后进行了联调测试，以试验转速运行空桨毂考验系统。满足要求后，安装好旋翼模型，准备试验。

（3）升降地板调试：在试验进行前，对升降地板的能力进行测试，确定其运行情况，测量桨毂中心至地面的距离，确定升降地板的不同试验高度。

2）地面效应试验方法及内容

试验中旋翼模型均以固定转速1027r/min进行运转。旋翼主轴倾角、周期变距角为零。桨毂中心至升降地板的距离与旋翼直径的比值作为测试的一项主要参数。8.6m高度试验台时该参数在0.45~1.8之间进行调节，6.3m高度试验台时该参数在0.4~1.2之间进行调节，4m高度试验台时在0.4~0.8之间进行调节。在每一个相对高度上，旋翼的总距进行一系列改变，测定不同高度、不同总距下的旋翼气动性能。

3）悬停性能试验方法及内容

试验在悬停试验间进行。在试验转速情况下，操纵旋翼总距，范围为0°~11°，间隔为1°。通过旋翼天平和扭矩天平测量旋翼的气动载荷。通过试验，获得 Ma = 0.643 情况下，旋翼悬停的性能数据。

3. 数据处理

1）气动载荷系数计算

旋翼气动载荷系数和功率系数的计算，采用旋翼的桨尖速度 ωR、大气密度 ρ 和桨盘面积 πR^2 作为参考量，计算公式如下：

$$C_f = F \Big/ \frac{1}{2}\rho(\omega R)^2 \pi R^2$$

$$C_m = M \Big/ \frac{1}{2}\rho(\omega R)^2 \pi R^3$$

$$C_q = 1000 Pw \Big/ \frac{1}{2}\rho(\omega R)^3 \pi R^2$$

大气密度由试验时的 P、t、V 等参数计算给出，经验修正计算公式如下：

$$\rho = P/[287(273+t)] - 0.000007705 V^2$$

模型旋翼风洞试验要求模拟旋翼的桨尖马赫数，试验时由旋翼桨尖马赫数 Ma_t 和洞内温度计算旋翼的旋转速度 n：

$$n = 603 Ma_t \sqrt{273+t}/\pi R$$

2）悬停效率计算

悬停效率计算公式为

$$\eta = \frac{1}{2}\frac{C_t^{3/2}}{C_q}$$

3）试验结果处理

采集80圈的原始数据，平均成8圈后进行保存。对平均后的数据进行FFT和计算后，取旋翼旋转频率的0～10阶谐波量，取其中3圈作为时间历程数据。

4.1.3 试验结果及结论

1. 地面效应试验结果

图4-2为4m高度试验台 $H/D=0.6$ 的5次试验结果。总距6°的 C_t 标准误差 $\sigma=0.00018$。对试验结果曲线进行 $C_t=0.01$ 时的 C_q 二次多项式拟合，C_q 标准误差 $\sigma=0.000015$。$\delta=3\sigma$，为对应的极限误差。

图4-3中给出8.6m高度试验台不同旋翼总距、不同相对高度下的试验结果。由图可以看出，旋翼离地板高度越低，相同拉力下所需功率越少，而相同功率下旋翼拉力越大，符合地面效应规律。

6.3m高度试验台旋翼距地板相对高度 $H/D<0.8$ 时，旋翼离地板高度越小，相同拉力下所需功率越少，而相同功率下旋翼拉力越大，符合理论规律。但当 $H/D>0.8$ 时随着 H/D 的增加，相同功率下旋翼拉力增大，与理论规律相反。这些特殊的现象主要与试验环境和布局有关：当升降地板升高或降低后，改变了旋翼下部四周的通气条件。

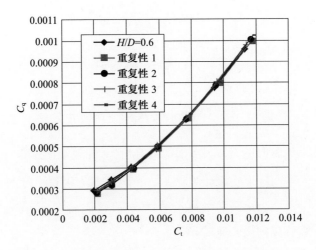

图 4-2　4m 高度试验台重复性试验结果($H/D=0.6$)

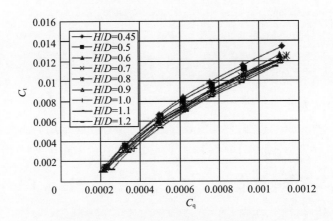

图 4-3　8.6m 高度试验台试验结果

图 4-4 中给出旋翼距地板相对高度 $H/D=0.8$ 时三个不同高度试验台的拉力功率系数曲线。从图中可以看出，试验台高度不同，其拉力系数、功率系数也不同。

对悬停地面效应试验，可得出以下结论：

(1) 试验数据重复性精度高。

(2) 试验结果的趋势与理论基本一致。

(3) 其他条件相同，试验台安装高度不同，旋翼悬停效率曲线规律也不同。

(4) 8m 和 6.3m 高度试验台悬停效率最低点（相同功率下旋翼产生的拉力最小的点）并不出现在相对高度最大时，出现了一些特殊规律与悬停间的结构对某些试验状态的旋翼流场影响较大有关。

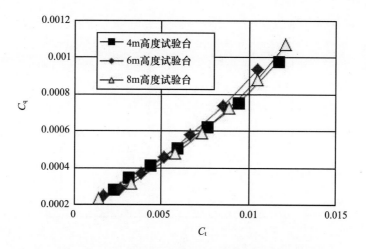

图4-4 三个不同高度试验台对地面效应的影响

2. 悬停性能试验结果

图4-5给出了旋翼模型在四个不同转速(桨尖马赫数)情况下,拉力系数随功率系数变化关系。图中曲线表明,其变化规律正确,而且拉力与功率无因次化后,拉力系数和功率系数与旋翼转速无关,旋翼模型的最大拉力系数 C_t = 0.0194,最大功率系数 C_p = 0.00175。

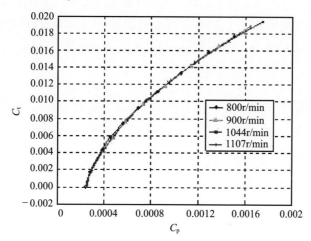

图4-5 悬停拉力系数随功率系数变化

图4-6为旋翼悬停效率在四个不同转速(桨尖马赫数)下随总距的变化关系。由图中可以看出,低桨尖马赫数时,旋翼模型的悬停效率较高。在额定转速 n = 1044r/min,即 M_t = 0.643 时,旋翼模型的最大悬停效率 η_{max} = 0.7769。

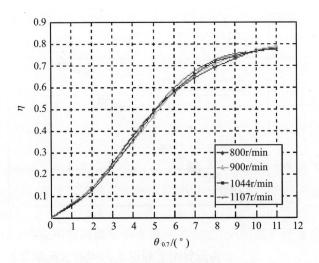

图 4-6 悬停效率随总距变化

4.2 旋翼前飞性能试验研究

为考核某直升机旋翼系统的设计性能指标,本节选用直径 4m 的旋翼模型,在中国空气动力研究与发展中心低速气动力研究所 8m×6m 风洞开展了前飞性能试验。在进行风洞试验时,采用了按照给定的升力和阻力系数进行配平的试验方法,并且实时扣除了桨毂模型的阻力,为准确评估该直升机旋翼系统的前飞气动性能提供了可靠的试验数据。

试验是在 8m×6m 风洞第二试验段进行。该风洞是一座直流式、闭口、串列双试验段的大型风洞,第一试验段截面为 12m×16m 带切角矩形,常用风速范围为 0~20m/s。第二试验段截面为 8m×6m 带切角矩形,长度为 15m,有效截面积为 47.4m^2,常用风速为 20~85m/s。

4.2.1 试验情况简介

1. 试验台装置及模型

直升机模型试验台见 4.1.1 节。旋翼模型与 4.1 节悬停性能试验研究所用的模型相同。

2. 试验方法及内容

风洞试验采用按给定升力和阻力系数配平的试验方法,即在试验台转速和试验风速达到要求值时,通过改变旋翼的总距、周期变距和旋翼轴倾角来达到配平状态。

通过变垂直分力前飞配平试验,获得在正常阻力面积和转速,垂直分力系数分别为 0.0106、0.0132、0.0152 情况下的旋翼前飞性能数据。通过变水平分力前飞配平试验,获得在正常的垂直分力和转速,当量阻力面积分别为 $2.1m^2$、$2.3m^2$、$2.5m^2$ 情况下的旋翼前飞性能数据。

3. 数据处理

1) 气动载荷系数计算

详见 4.1.2 节。

2) 当量升阻比计算

考虑到试验场地密度、温度、转速的变化,采用无因次量计算当量升阻比的公式为

$$\frac{L}{D} = \frac{C_w}{C_q/\mu - C_h}$$

式中:L 为当量升力;C_w 为旋翼拉力系数的垂直分量;D 为当量阻力;C_q 为模型旋翼的功率系数;μ 为前进比;C_h 为全机废阻。

3) 载荷中心及轴系转换

旋翼模型的体轴系以桨毂中心为坐标原点,旋翼拉力 $T(F_y)$ 垂直于桨毂平面指向上方,旋翼阻力 (F_x) 平行于桨毂平面指向前方,旋翼侧向力平行于桨毂平面指向左方,旋翼天平的坐标轴和体轴系平行。根据旋翼天平标定证书和模型旋翼设计资料,得到旋翼天平标定中心和桨毂中心坐标系的相对关系,如图 4-7 所示。旋翼模型的风轴系以桨毂中心为坐标原点,水平力平行于来流方向指向后方,垂向力垂直于来流方向指向上方,侧向力垂直于来流方向指向左方,图 4-7 同时给出了风轴系和相关载荷的方向。通过坐标转换,可以得出垂向力系数和水平力系数的计算公式为

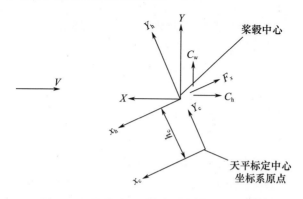

图 4-7 坐标系关系及有关载荷方向示意图

$$C_w = C_{fy} \times \cos\alpha + C_{fx} \times \sin(-\alpha)$$

$$C_h = C_{fx} \times \cos\alpha - C_{fy} \times \sin(-\alpha)$$

4) 试验结果处理

本节给出的试验结果未进行支架干扰和洞壁干扰修正。

4.2.2 试验结果及分析

1. 需用功率试验结果

图4-8为按给定升力和阻力系数配平时,不同升力、同一阻力面积($CxS = 2.3$)情况下,旋翼模型需用功率系数随前进比的变化关系。由图中可以看出,曲线的变化趋势正确,即随着前进比的增大,功率系数先减小后逐渐增大。在正常升力$T=1.0T_d$情况下,$\mu=0.32$时,功率系数$C_p=0.000754$。另外,升力大时,旋翼需用功率大;升力小时,旋翼的需用功率小。

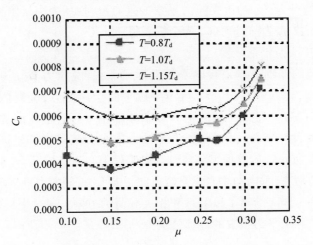

图4-8 功率系数随前进比变化关系

2. 当量升阻比试验结果

图4-9为正常升力($T=1.0T_d$),CxS为$2.1m^2$、$2.3m^2$、$2.5m^2$情况下,旋翼模型的当量升阻比随前进比的变化关系。在$\mu=0.30$情况下,阻力面积CxS为$2.1m^2$时,当量升阻比为9.94;阻力面积为CxS为$2.3m^2$时,当量升阻比为10.28;阻力面积CxS为$2.5m^2$时,当量升阻比为9.76。三种阻力面积情况在相同前进比时,当量升阻比的差异最大为0.52。

图4-10为拉力T为$0.8T_d$、$1.0T_d$、$1.15T_d$、同一阻力面积($CxS=2.3m^2$)情况下,旋翼模型的当量升阻比与前进比的关系曲线。可以看出,低拉力情况下,当量升阻比低。在$\mu=0.30$时,当量升阻比最大,$T=0.8T_d$的最大当量升阻比

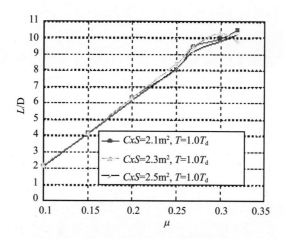

图4-9 不同阻力面积下当量升阻比变化

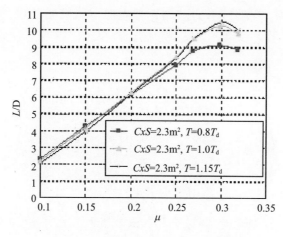

图4-10 不同升力时当量升阻比变化

为 9.12，$T=1.0T_d$ 的最大当量升阻比为 10.28，$T=1.15T_d$ 的最大当量升阻比为 10.46。

4.3 直升机模型风洞试验数据相关性

  我国的直升机风洞试验研究工作起步较晚，试验设备少、技术水平低，数据相关性研究水平远远落后发达国家。为了尽快解决旋翼数据相关性问题，为我国自行研制新型直升机服务，中国航空工业直升机设计研究所联合中国空气动力研究与发展中心低速气动力研究所与德国宇航研究院合作，于1996年开展了BO-105直升机模型风洞试验数据相关性研究。研究工作的一项重要内容就是用 BO-105 旋翼机身组合模型在 CARDC 的 8m×6m 风洞中进行试验,试验大纲由 DLR、CHRDI 及 CARDC 根据 DLR 提供的飞行试验和模型风洞试验结果来共同确定。风洞试验工作在 CARDC 和 CHRDI 的有关同志的共同努力下于 1997 年 3 月完成。本节将首先介绍试验的情况,然后给出典型的试验结果及其与 DNW 风洞试验结果的比较、分析。

4.3.1 试验情况

1. 试验设备及模型

本试验是在 CARDC 低速气动力研究所用直升机模型风洞试验台在 8m×6m 风洞第二试验段中进行。

试验模型为 1:2.45 缩比的 BO-105 直升机旋翼和机身组合模型。旋翼模型为动力相似无铰模型,直径为 4m,预锥角为 2.5°,桨叶负扭转 8°,桨叶翼型为 NACA23012。机身模型为玻璃钢外壳加金属框架结构,包括起落架、后缘扰流片及尾桨阻力模拟件。模型和试验台在风洞中的安装情况如图 4-11 所示。

图 4-11 模型和试验台在风洞中

2. 试验内容及方法

本试验完成了 7 个项目的风洞试验,分别是悬停试验、无桨叶和无主轴试验、一阶挥舞最小配平试验、导数试验、功率配平试验以及桨毂力矩配平试验。

悬停试验参照 DNW 风洞的做法,在风洞中将主轴前倾 15°,并打开风洞顶门进行。试验内容包括无周期变距时改变总距 $\theta_{0.7}$ 试验,及在拉力系数为 0.005 时分别改变纵向周期变距 θ_s、横向周期变距 θ_c 试验。

一阶挥舞最小配平试验,是在给定的风速 V_∞、主轴倾角 α_s、桨尖马赫数 Ma_T

条件下,将拉力系数 C_T 调整到给定值,同时将桨毂力矩调整到最小值。桨毂力矩调整试验则是在调整 C_T 的同时,将桨毂的俯仰、滚转力矩(M_X、M_Z)或力矩系数(C_{mx}、C_{mz})调整到给定值。

导数试验是在不同的 V_∞ 时,将旋翼的 α_s、C_T、M_X 和 M_Z 调整到相应的给定值作为平衡状态,在此基础上分别改变 V_∞、α_s、$\theta_{0.7}$、θ_s、θ_c 和转速。

功率配平试验要求在给定的 V_∞、Ma_T 和飞行试验主轴倾角 α_{s-FT} 条件下,调整全机升力系数 C_L、主轴弯矩 sin 分量 M_{s_s} 和 cos 分量 M_{s_c} 到给定值,然后改变 α_s,同时保持用 α_{s-FT} 计算的 C_L、M_{s_s} 和 M_{s_c} 为给定值。

4.3.2 试验结果分析

下面给出的试验结果均未进行流场和洞壁干扰修正。

1. 悬停试验结果

悬停试验的典型结果如图 4-12~图 4-14 所示。图 4-12 为悬停无周期变距试验的功率-拉力曲线。图中给出了 CARDC 于 1990 年、1992 年和 1997 年的结果,同时给出了 DLR 于 1990 年和 1996 年提供的结果。从图 4-12 可以看出,双方的结果具有较好的相关性。同时也看到,CARDC 在 1990 年和 1992 年试验的结果很接近,在相同功率时的拉力值小于本次试验的值,这主要是因为前面两次试验是在风洞外面的大厅进行的。DLR 的两次试验结果很接近,且与本次试验的结果符合得很好。

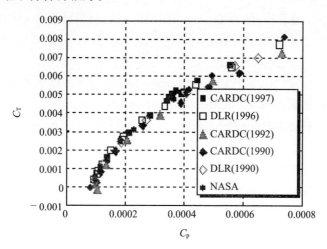

图 4-12 悬停试验的功率-拉力曲线

悬停时进行纵向和横向周期变距操纵的结果分别如图 4-13(a)和(b)所示。图中分别给出了桨毂力矩对纵向和横向周期操纵的响应。从图中结果可以看到,双方的桨毂力矩变化趋势是一致的。另外,还可以看到,由于本次悬停试验是在风洞内进行,受风洞边界及自然风的影响,桨毂力矩的零点有较大的偏移,DLR 的结果有同样的情况。而 1992 年在风洞外大厅进行悬停试验获得的结果就没有偏移。

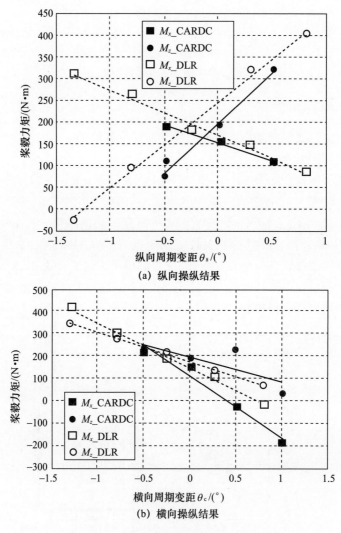

图 4 - 13 悬停时的纵向和横向操纵结果

2. 一阶挥舞最小配平试验

一阶挥舞最小配平试验的典型结果如图 4 - 14 ~ 图 4 - 17 所示。图 4 - 14 中给出了在 $C_T = 0.0057, \alpha_s = 0°$ 状态下的配平试验结果,图 4 - 15 给出了在 $C_T = 0.0051, \alpha_s$ 随风速变化状态下的配平试验结果。从图中可以看到:双方

的 C_p 曲线具有相同的趋势,但 CARDC 的 C_p 值比 DLR 的高;在 α_s 为 0 的试验状态下 C_p 值的差别随风速的增加而减小;而在 α_s 变化的试验状态下 C_p 值的差别不随风速改变。功率的差别很可能与配平状态有关,CARDC 在试验中是按照旋翼天平测量的桨毂力矩值来配平,而 DLR 是按照主轴弯矩测量值配平。

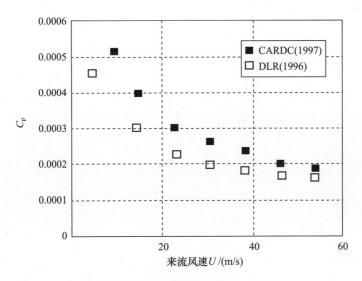

图 4 - 14　一阶挥舞最小配平($\alpha_s = 0°$)

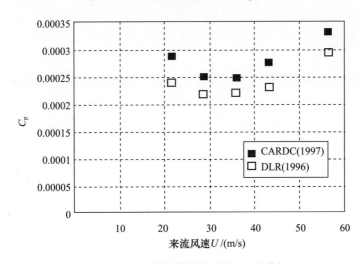

图 4 - 15　一阶挥舞最小配平(α_s 变化)

图 4 - 16 比较了配平状态下的桨毂力矩和主轴弯矩,其中 M_{s_c} 和 M_{s_s} 分别表示主轴弯矩一阶量的 cos 和 sin 分量。从图中可以看到,配平状态下,DLR 的

桨毂力矩大于 CARDC 的,且与主轴弯矩分量有较大差别。

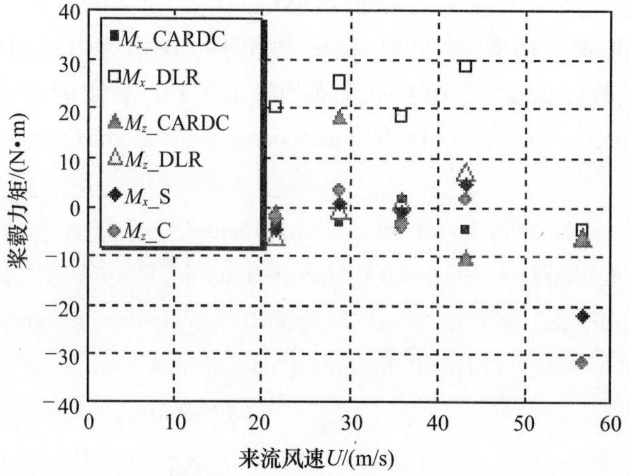

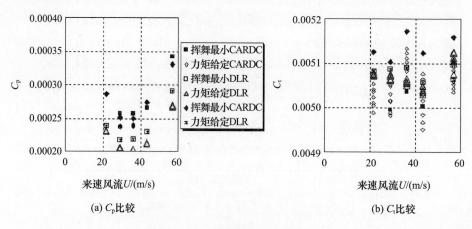

图 4-16　一阶挥舞最小配平的桨毂力矩结果比较(α_s 变化)

图 4-17 进一步比较双方的试验结果,将导数试验中与一阶弯矩最小配平试验有相同 C_t 和 α_s 的挥舞弯矩最小配平和力矩给定配平的结果同时画出,图 4-17(a) 比较了 C_p,图 4-17(b) 比较了 C_t。可以看到,对于一阶挥舞弯矩最小配平的两次试验结果,DLR 的数据重复性非常好,而 CARDC 的不如 DLR 的好,尤其是 C_t 值的差别较大;对于给定力矩配平的试验,有类似的结果,CARDC 的 C_t 值比较分散。另外,通过比较图 4-17(a)中一阶挥舞弯矩最小配平试验和桨毂力矩给定配平试验的结果可以得出,后者的需用功率小于前者。

图 4-17　两种配平试验的比较

此外,功率的差别还可能与试验台的形式及模型的安装位置有关。CARDC的旋翼在前飞状态下共锥度不好也是一个原因。

3. 功率配平试验

功率配平试验的目的是求得风洞试验的洞壁干扰修正角,它必须以飞行试验结果为基础。图 4-18 中给出了风速为 50m/s 时的配平试验结果,其中,$C_p = 0.00030$ 的虚线与 $\alpha_s = -5.8°$ 的虚线的交点是飞行试验结果。风洞试验中改变主轴倾角时,通过变距操纵保持全机升力系数 $C_L = 0.00496$、主轴弯矩分量为给定值,其中 C_L 必须按照飞行试验的主轴倾角计算。用改变 α_s 得到的结果可以求得 $C_p = 0.00030$ 时的主轴倾角值,它与相同风速状态下的飞行试验主轴倾角之差就是干扰修正功角。从图 4-18 中看到,这一风速下双方的试验结果比较接近。

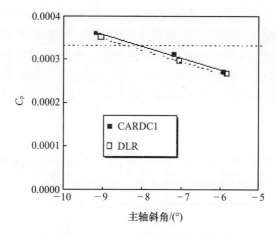

图 4-18　的功率配平试验结果

用不同风速的试验结果求得的洞壁干扰修正功角结果如图 4-19 所示。

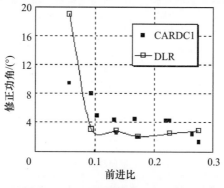

图 4-19　洞壁干扰修正功角结果

从图中看到,双方求得的修正功角在小前进比状态下差别较大;修正功角在前进比小于0.1时很大,在前进比大于0.1后趋于稳定值。双方修正角差别的原因可能有三方面:一是CARDC的试验台形式与DLR的有较大区别,试验台的腹撑支架在风洞中的部分比DLR的尾撑支架大很多;二是CARDC的试验中控制参数的精度不如DLR的高;三是CARDC的主轴弯矩测量结果不够稳定,与旋翼天平测量结果的相关性不好,不能保证配平状态与DLR的非常一致。

4. 导数试验

导数试验的典型结果如图4-20~图4-22所示,分别给出了$V=43.3\text{m/s}$时,旋翼拉力系数对总距和纵、横向周期变距操纵的响应。从图中看到,CARDC的拉力系数随总距和纵向周期变距变化的斜率小于DLR的,而随横向周期变距变化的斜率略大于DLR的,拉力系数对总距操纵的响应比对周期变距操纵的响应敏感。其他风速下的试验结果具有相同的规律,可能是由于CARDC的操纵角与DLR的不一致,DLR的操纵角控制采用了由实测角度拟合出的变换关系,而CARDC是采用理论推导的变换矩阵。

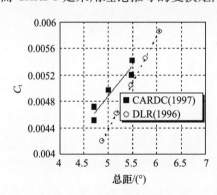

图4-20 拉力系数-总距关系

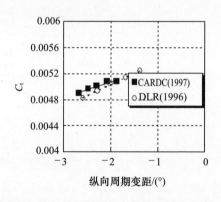

图4-21 拉力系数-纵向周期变距关系

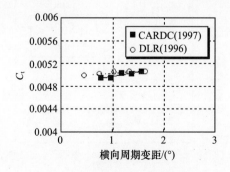

图4-22 拉力系数-横向周期变距关系

另外，双方的结果均表明，C_1 对风速和转速的变化不如对操纵角敏感，对主轴倾角的响应与对纵向周期变距的响应程度相当。从全部导数试验的结果来看，双方试验结果具有较好的相关性。

4.3.3 结论

从整体来看，本次试验基本完成了试验大纲的内容，并获得了较好的结果，检验了 CARDC 的直升机模型风洞试验能力和水平。CARDC 掌握了旋翼主轴弯矩测量技术和新的配平试验方法，提高了状态参数的控制精度。CARDC 的试验结果与 DLR 的结果具有较好的相关性，旋翼天平的结果稳定可靠。

4.4 不同桨尖旋翼悬停及前飞性能试验研究

直升机旋翼桨尖是桨叶的动压最高区和前飞时动压变化最大的区域，也是桨叶气动特性最敏感的位置。先进桨尖构型，将大大改善桨叶的气动载荷分布、桨尖涡干扰、振动及噪声特性，提高旋翼效率。国外的经验表明，一副好的桨尖可使旋翼气动效率提高 6%～10%，世界各大直升机公司都非常重视桨尖技术研究。

早期，由于制造工艺所限，桨尖形状一般为矩形。复合材料的出现及应用，使得桨尖形状的变化成为现实，并且得到了广泛应用，于是有了种类繁多的新桨尖构型，如 SIKORSKY 公司的后掠和后掠尖削桨尖、BOEING – VERTOL 公司的短尖削桨尖、BELL 公司的双曲线后掠桨尖、WESTLAND 公司的前突后掠（SWEPT BERP TIP）桨尖、EUROCOPTER 公司的抛物线后掠桨尖等，并在型号应用中取得了显著效果。

EUROCOPTER 公司为"高速海豚"研究了带抛物线后掠桨尖的新桨叶，飞行速度可达 370km/h，EC155、EC120、NH90 等直升机都采用该项技术；MBB 公司为 PAH 研究的尖削带后掠的桨尖，改善了其跨声速性能，升力达到了最佳化，这种新桨叶在 BO – 105 上进行试飞，增加了 150kg 的有效载重，BO – 108 和"虎"式直升机就采用了该项技术；WESTLAND 公司在英国实验旋翼计划（British Experimental Rotor Programme）中研制了形状复杂的后掠桨尖，后掠角沿展向变化，最大后掠为 30°，这种旋翼改善了前行桨叶大马赫数下的工作能力。

国内在"八五"期间也开始了桨尖形状的试验和理论工作，并已将研究成果直接应用到了某些型号上。另外，还对后缘呈锯齿状的桨尖进行了探索。

本节选用四种典型的新型桨尖，通过试验，了解并掌握了四种桨尖在悬停和前飞状态下对旋翼性能的影响,可以为型号研制过程中旋翼桨尖选型提供重要的试验依据。

4.4.1 试验情况

试验设备主要包括直升机模型试验台及 8m×6m 风洞,详见 4.1 节和 4.2 节。

旋翼模型与 4.1 节悬停性能试验研究所选用的模型相同,四种桨尖分别为抛物线后掠形、梯形尖削形、后掠尖削形和前突后掠尖削形桨尖(图 4-23),试验时,通过桨尖更换,按照同样的试验方法,开展四种桨尖在悬停和前飞状态下对旋翼性能的影响研究。

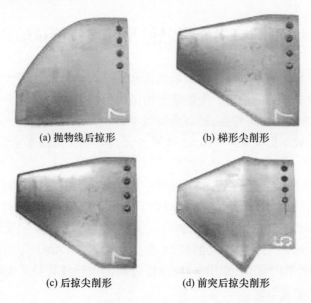

(a) 抛物线后掠形　　(b) 梯形尖削形

(c) 后掠尖削形　　(d) 前突后掠尖削形

图 4-23　桨尖形状

试验方法及内容以及数据处理方法与 4.1 节、4.2 节所述的悬停及前飞性能试验相同。

4.4.2 试验结果及结论

1. 悬停旋翼动态载荷结果

图 4-24 给出了不同桨尖旋翼力及力矩的五阶量幅值与总距的关系。图中结果表明,随着总距的增加,力及力矩出现了明显的五阶动态量,并且逐渐增大。在大总距时,后掠尖削形桨尖旋翼五阶动态量幅值较其他三种桨尖旋翼偏低。

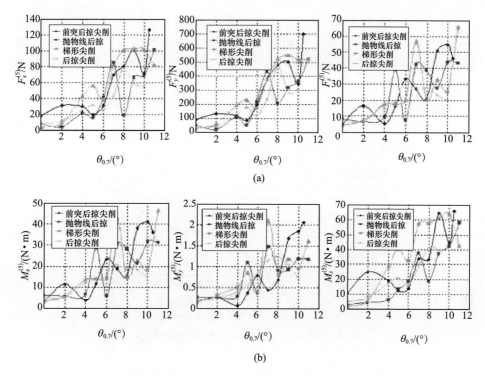

图4-24 悬停时旋翼力及力矩的五阶量幅值与总距的关系(见彩插)

2. 悬停性能

图4-25给出了$Ma_t = 0.643$时,不同桨尖旋翼拉力系数与功率系数的变化关系。由图中可以看出,在大拉力系数时,抛物线后掠尖削形桨尖旋翼与前突后掠尖削桨尖旋翼的功率系数较其他两种桨尖旋翼偏低。

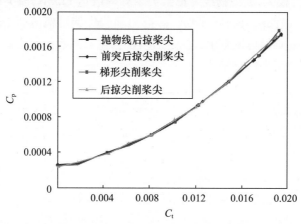

图4-25 拉力系数与功率系数曲线

图 4-26 给出了 $Ma_t = 0.643$ 时,不同桨尖旋翼悬停效率与拉力系数的变化关系。由图中可以看出,抛物线后掠桨尖旋翼与前突后掠尖削桨尖旋翼的悬停效率高于其他两种桨尖旋翼。四种桨尖旋翼的最大悬停效率如下:

抛物线后掠桨尖旋翼: $\eta_{\max} = 0.777$;

前突后掠尖削桨尖旋翼: $\eta_{\max} = 0.772$;

梯形尖削桨尖旋翼: $\eta_{\max} = 0.764$;

后掠尖削桨尖旋翼: $\eta_{\max} = 0.755$。

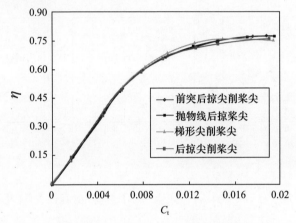

图 4-26 悬停效率与拉力系数曲线

3. 前飞旋翼动态载荷结果

图 4-27 为不同桨尖旋翼力及力矩的五阶量幅值与前进比的变化曲线。其中,F_y 的五阶量较大,如抛物线后掠桨尖旋翼幅值达 1235N;前突后掠尖削桨尖和梯形尖削桨尖旋翼幅值达 1520N;后掠尖削桨尖旋翼幅值达 1607N。比较其他力及力矩的五阶量可以看出,在大前进比时,抛物线后掠桨尖旋翼五阶动态量幅值较其他三种桨尖旋翼偏低。

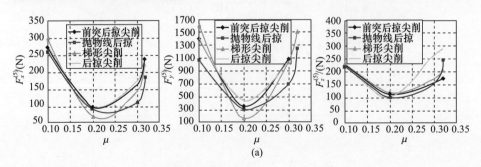

(a)

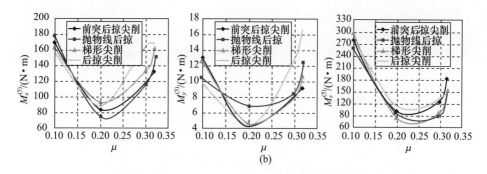

图 4-27 不同桨尖旋翼力及力矩的五阶量幅值与前进比的关系

4. 前飞性能

图 4-28 给出了四种桨尖旋翼模型分别在阻力面积 $CxS = 2.3\text{m}^2$，拉力 T 为 $0.8T_d$、$1.0T_d$、$1.15T_d$ 情况下，当量升阻比与前进比的关系曲线。可以看出，在低前进比时，四种桨尖旋翼模型的当量升阻比相差不大，随着前进比的增大，四条曲线开始出现分叉，抛物线后掠旋翼与后掠尖削桨尖旋翼的升阻比要高于梯形尖削旋翼和前突后掠桨尖削旋翼。在 $\mu = 0.30$，$T = 1.0T_d$ 时，四种桨尖旋翼的当量升阻比分别如下：

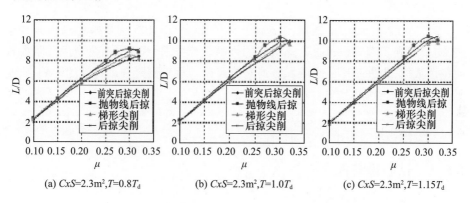

(a) $CxS=2.3\text{m}^2,T=0.8T_d$ (b) $CxS=2.3\text{m}^2,T=1.0T_d$ (c) $CxS=2.3\text{m}^2,T=1.15T_d$

图 4-28 旋翼模型当量升阻比与前进比的变化关系

抛物线后掠桨尖旋翼：$L/D = 10.28$；
后掠尖削桨尖旋翼：$L/D = 9.81$；
前突后掠尖削桨尖旋翼：$L/D = 9.29$；
梯形尖削桨尖旋翼：$L/D = 9.41$。

5. 结论

由上述结果分析，可以得出以下结论：

（1）在悬停状态下，抛物线后掠桨尖旋翼与前突后掠尖削桨尖旋翼的悬停效率高于梯形尖削桨尖旋翼及后掠尖削桨尖旋翼。其中,在正常桨尖马赫数时,抛物线后掠桨尖旋翼最大悬停效率可达 0.777。

(2) 悬停状态下,大总距时,后掠尖削桨尖旋翼动态载荷较其他三种桨尖旋翼偏低。

(3) 在正常拉力情况下,抛物线后掠桨尖旋翼与后掠尖削桨尖旋翼的当量升阻比要高于梯形尖削桨尖旋翼和前突后掠桨尖旋翼,其中,抛物线后掠桨尖旋翼的最大当量升阻比可达到 10.28。

(4) 在大前进比时,抛物线后掠桨尖旋翼动态载荷较其他三种桨尖旋翼偏低。

4.5 旋翼垂直升降性能试验研究

垂直飞行能力是直升机的特殊优点。直升机在垂直下降过程中出现的涡环状态直接危及旋翼飞行安全,必须深入开展研究。利用立式风洞的垂直来流,在立式风洞开展直升机试验更接近真实垂直飞行的流动条件,可安全可靠地模拟直升机的垂直升降状态,并具备比较成熟的载荷测量、流场定量测量等能力,因此基于立式风洞的旋翼模型垂直升降试验研究是掌握旋翼垂直下降气动特性的有力手段。

2013 年,直径 5m 立式风洞完成了直径 2m BO-105 旋翼模型垂直升降试验,初步建立了直升机垂直升降状态的风洞试验技术,获得了直升机涡环状态气动特性数据,为进一步研究旋翼布局对旋翼模型垂直下降气动特性的影响,研制了采用抛物线后掠桨尖的对比旋翼模型。2015 年,直径 5m 立式风洞又开展了直径 2m 对比旋翼模型垂直升降试验,通过分析旋翼模型试验数据,研究了两种布局对旋翼模型垂直下降气动特性的影响。

4.5.1 试验设备简介

1. 直径 5m 立式风洞

直径 5m 立式风洞采用单回流、圆形开口试验段结构,风洞总高度为 54.66m,地下部分为 15m,风洞试验段横截面直径为 5m 的圆形,自由射流长度为 7.5m,试验段风速为 3.5~51.2m/s(连续可调),常用风速为 10~35m/s。

2. 直升机垂直升降试验台

直升机垂直升降试验台(简称为试验台)主要包括台体、测量系统、动力系统、传动系统、旋翼轴倾角系统、旋翼操纵控制系统、振动监视系统等分系统,可完成直径 2m 量级旋翼模型的悬停和直径 5m 立式风洞试验。垂直试验台如图 4-29 所示。

图 4 - 29　安装在立式风洞的垂直升降试验台

试验台主要性能参数:最大输出功率为 160kW、旋翼主轴转速范围为 0~2300r/min、旋翼轴倾角范围为 -180°~+180°、角度控制精度为 0.1°。

(1) 台体:试验台采用双塔架支撑,分为活动台架和固定台架两部分。

(2) 测量系统:包括旋翼天平、扭矩天平,分别测量旋翼载荷和旋翼轴扭矩。旋翼天平为六分量盒式应变天平,其设计载荷及静校精准度见表 4 - 2。扭矩天平为筒式单分量天平,设计载荷为 300N·m,其设计载荷及静校精准度见表 4 - 3。

表 4 - 2　旋翼天平设计载荷及静校精准度

分量	F_y	F_x	M_z	F_z	M_y	M_x
设计载荷	3500N	600N	300N·m	360N	100N·m	240N·m
精密度/%	0.05	0.05	0.05	0.05	0.05	0.05
准确度/%	0.10	0.13	0.10	0.26	0.28	0.10

表 4 - 3　扭矩天平设计载荷及静校精准度

分量	M
设计载荷/(N·m)	300
精密度/%	0.10
准确度/%	0.30

(3) 动力系统:负责为旋翼提供驱动力,由高速中频电机、变频控制器、电控柜、增量型编码器(转速反馈)及电气附件、监控工控机及软件组成。

(4) 传动系统:负责将动力系统的驱动力传递到旋翼轴,采用双减速器两级传动。两台减速器的减速比均为1:1,起换向作用,并采用润滑油车对系统进行强制润滑冷却。

(5) 旋翼轴倾角系统:负责远程精确控制旋翼轴倾角,由伺服电机、减速器、驱动器、上位机等部分组成。

(6) 旋翼操纵控制系统:负责远程精确控制旋翼桨距角,由全数字式执行器、控制器、控制计算机等组成。

(7) 振动监视系统:由多通道动态分析仪以及加速度传感器、电荷放大器等组成,主要用于实时监视试验台台体及天平以上部分的纵、横向振动水平,并能够开展试验台的动特性测试和研究。

4.5.2 试验及数据处理

1. 旋翼模型

旋翼模型采用缩比为1:4.9的桨尖马赫数相似旋翼模型,旋翼直径为2m,由金属桨毂模型和复合材料桨叶组成。桨毂模型为无铰式结构,具有四个变距摇臂,其轴向铰用来改变桨叶桨距角,挥舞铰、摆振铰的功能则由桨毂、桨叶相应的弹性变形来代替,试验中所有旋翼模型共用一套金属桨毂模型。原型旋翼模型采用矩形桨尖,桨叶扭转角为-8°,翼型为NACA23012,对比旋翼模型采用抛物线后掠桨尖,其余参数与原型旋翼相同,见表4-4。

表4-4 两套旋翼模型的特性参数

参数名称	BO105旋翼模型	对比旋翼模型
翼型	NACA23012	NACA23012
扭转角/(°)	-12	-12
叶片长度/m	0.9	0.9
桨叶弦长/m	0.06	0.06
翼型起始位置	0.25R	0.25R
叶片数	4	4
旋翼额定转速/(r/min)	2100	2100
总距范围/(°)	0~15	0~15
周期变距范围/(°)	-5~8	-5~8
桨尖形状	矩形桨尖	抛物线后掠桨尖

对比旋翼模型和原型旋翼模型(BO-105旋翼模型)的桨叶如图4-30所示,其中黑色桨叶为对比旋翼模型桨叶。

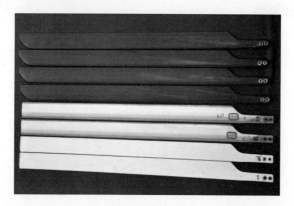

图4-30 两副旋翼模型的桨叶(见彩插)

2. 研究方法

在直径5m立式风洞用直升机垂直升降试验台分别开展两种布局旋翼模型的悬停试验和下降状态试验,用旋翼天平、扭矩天平测量其气动载荷,获得旋翼布局对其垂直下降气动特性的影响结果。两种旋翼布局的旋翼模型试验如图4-31所示。

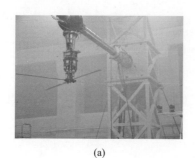

(a) (b)

图4-31 两副旋翼模型试验

旋翼模型悬停试验方法:悬停试验应保持试验场地地面平坦干净,周围空气通畅,防止形成环流。悬停试验采用定转速变旋翼总距的方法,在给定的旋翼模型姿态下,操纵旋翼转速到达给定值并稳定后,依次改变旋翼总距达到要求值,由旋翼天平和扭矩天平测量旋翼的气动载荷和旋翼功率,获得旋翼模型的功率系数C_q-拉力系数C_t曲线。

旋翼模型下降状态试验方法:立式风洞的试验段来流方向是从下到上,试验通过相对运动原理实现对旋翼模型下降状态的模拟。试验台调整为模拟旋翼下降状态。启动试验台,旋翼转速升到工作转速,旋翼轴倾角达到试验值,通过操纵旋翼使桨距角达到悬停状态 C_t 的总距操纵值。风洞开车,风速逐渐调整到试验值,达到指定的下降率后再采集气动力等相关数据。完成试验后,将风速逐渐减小到零,试验台停车。

3. 数据处理

滑流理论计算得到的无因次化悬停诱导速度 $\overline{V_h}$ 由悬停状态的旋翼拉力系数 C_t 计算:

$$\overline{V_h} = \sqrt{\frac{C_t}{4\kappa}}$$

滑流理论计算得到的悬停诱导速度计算公式如下:

$$V_h = \overline{V_h}\frac{\pi n}{30}R$$

旋翼模型力、力矩系数分别用参考力 F_r、参考力矩 M_r 进行无量纲化计算。F_r、M_r 采用旋翼桨尖速度 ωR、大气密度 ρ、旋翼桨盘面积 πR^2、旋翼半径(参考长度)R 计算,计算公式如下:

$$F_r = \frac{1}{2}\rho(\omega R)^2 \pi R^2$$

$$M_r = \frac{1}{2}\rho(\omega R)^2 \pi R^3$$

$$\omega = \frac{\pi n}{30}$$

旋翼模型悬停状态的品质因数(悬停效率)计算公式如下:

$$\mathrm{FM} = \frac{1}{2}\frac{C_t^{\frac{3}{2}}}{C_q}$$

试验数据不进行洞壁干扰和 Re 数影响修正。旋翼模型气动数据以桨毂体轴系给出。

下降状态试验数据先对试验点采集结果进行时间平均,得到该试验状态下拉力 T 和功率 Q 的平均值,绘制 $T/T_h - V/V_h$、$Q/Q_h - V/V_h$ 曲线;再对每个试验状态的 T、Q 采样结果进行其均方差 ΔT、ΔQ 计算,绘制 $\Delta T/T - V/V_h$、$\Delta Q/Q - V/V_h$ 曲线,用其考核 T 和 Q 的相对脉动幅度。通过不同状态下的 T、Q 平均值和 T、Q 的相对脉动幅度来考核旋翼模型涡环状态气动特性。

4.5.3 试验结果及分析

旋翼模型的悬停试验完成了 $n = 2100\mathrm{r/min}$、$\alpha = 0°$,旋翼总距从 $0° \sim 11°$ 的

试验。

图 4-32 为试验结果的 C_q-C_t 曲线。两套旋翼模型的 C_q 随 C_t 的变化规律合理,二者比较接近,差别不大。

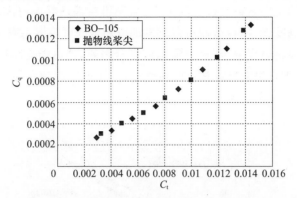

图 4-32　悬停试验的功率系数-拉力系数曲线

图 4-33 为试验结果的旋翼悬停效率 FM-C_t 曲线。两套旋翼模型的 FM 基本达到了拐点,二者曲线差别不大,采用抛物线后掠桨尖的对比旋翼模型 FM 略低,矩形桨尖布局的悬停性能与抛物线后掠桨尖布局基本相当。

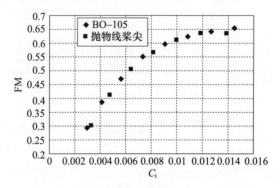

图 4-33　悬停试验的悬停效率-拉力系数曲线

旋翼模型下降状态的试验完成了 $n=2100$r/min,$\alpha=0°$,V 为 3~20m/s,定总距角(按照悬停状态 $C_t=0.01$ 给定)的试验。

图 4-34~图 4-37 给出了下降状态两副旋翼模型的试验结果。试验结果中在超过 8m/s 的下降风速下两副旋翼模型均出现了旋翼拉力急剧减小的现象,拉力减小会破坏直升机垂直飞行的平衡状态,与飞行中直升机机体出现下坠现象相吻合。试验结果中,在超过 8m/s 的下降风速下,两副旋翼模型均发生了旋翼拉力和扭矩的均方根误差值急剧增加,这表明拉力、扭矩波动剧烈,拉力的频繁急剧波动导致机体颠簸、摇晃,这是飞行中机体振动加剧的重要原因;试验

数据中下降状态从小风速开始功率小于悬停状态(对比旋翼模型在下降率大于 1.6 后功率大于悬停状态),但在超过 8m/s 的下降风速后由于拉力的大幅度减小和剧烈波动,且在 8m/s 的下降风速附近出现了功率从减小到增大的拐点,直升机需要更多的功率来补偿拉力的下降,直升机在涡环状态时需要更大的输出功率维持飞行高度,然而在低速飞行时发动机剩余的可输出功率并不充裕,有可能出现提总距掉转速现象,甚至导致操纵完全失效,这可能是功率沉陷的原因。根据试验结果,可以判断旋翼在下降达到一定下降率(约为 0.77)后进入严重的涡环状态。

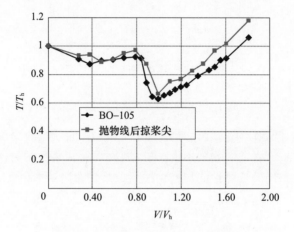

图 4-34 下降状态 $T/T_h - V/V_h$ 曲线

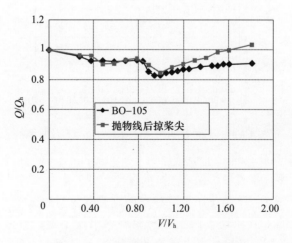

图 4-35 下降状态 $Q/Q_h - V/V_h$ 曲线

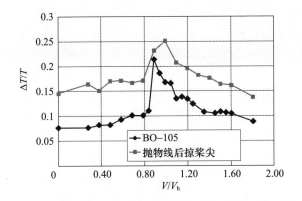

图 4-36 下降状态 $\Delta T/T - V/V_h$ 曲线

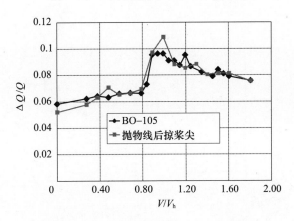

图 4-37 下降状态 $\Delta Q/Q - V/V_h$ 曲线

图 4-38 对比了两副旋翼模型单位功率产生的拉力,图 4-39 给出的是用 T_h/Q_h 对 T/Q 进行无因次化的结果,两种旋翼模型在拉力急剧下降后又逐渐上升的下降率基本一致,但采用抛物线后掠桨尖的对比旋翼模型拉力优于原型旋翼,且脱离涡环状态的下降率略小。

总体上两副旋翼模型的垂直下降气动特性接近。对比旋翼模型的拉力大于原型旋翼,尽管其功率需求高于原型旋翼,但单位功率产生的拉力大于原型旋翼,同时对比旋翼模型涡环状态的下降率范围略小,表明抛物线后掠桨尖布局的垂直下降状态气动特性略优于矩形桨尖。

4.5.4 结论

两种布局旋翼模型悬停性能基本相当,但对比旋翼模型垂直下降状态气动特性略优于原型旋翼,表明采用抛物线后掠桨尖布局较矩形桨尖布局有助于提

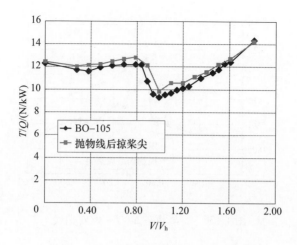

图 4-38　下降状态 $T/Q - V/V_h$ 曲线

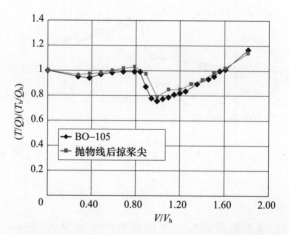

图 4-39　下降状态 $(T/Q)/(T_h/Q_h) - V/V_h$ 曲线

升旋翼涡环状态气动特性。

为全面掌握旋翼布局对垂直下降状态气动特性的影响，后续可深入研究桨叶片数、桨叶扭转角、长度等参数的影响。

4.6　发展趋势分析

对直升机设计者来说，仅仅了解旋翼的总体气动性能是远远不够的。直升机最重要的振动和噪声源主要来自旋翼，为了降低直升机的振动和噪声水平，提高直升机的安全性、隐身性及成员舒适性，拓展其飞行包线，有必要对桨-涡干扰、动态失速等问题开展深入研究，认清其物理机制和影响因素，发展减振降噪措施。桨-涡干扰、动态失速等非定常气动现象的直接表现就是桨叶表面压力的剧烈变化,因此,获取旋翼桨叶表面脉动压力是认识和解决以上问题的最直接和最根本方法,是提升桨叶性能和降低振动噪声水平的基础支撑。

桨叶上的压力分布测量结果可以提供桨叶各处的局部流动结构信息,是分析噪声根源的直接依据;沿弦向进行足够多的压力测量,也能获得较好的局部升力和俯仰力矩载荷历程,是分析振动问题的直接依据。但由于直升机旋翼高速旋转,即使在相对稳定的悬停状态下,旋翼桨叶表面的压力分布也呈非定常状态,再加上旋翼桨叶的细薄外形对布置压力传感器有较高工艺要求,以及柔性结构引起的桨叶位移和变形对测试数据的影响等因素,致使测量桨叶表面脉动压力具有较大难度,需要采用特殊的技术手段。

风洞试验是测量旋翼桨叶表面脉动压力的主要手段,具体技术方法有桨叶表面布置动态压力传感器方法及快速响应压敏漆(PSP)方法。传统压力传感器方法优点是测试准度和动态响应频率较高,可获得开展噪声和振动问题研究可靠性较高的数据;但这种方法需要在保持桨叶当地型面的前提下内嵌昂贵的动态压力传感器,测试点有限,桨叶需特制,周期长,工艺复杂且造价贵。快速响应压敏漆方法与桨叶表面布置动态压力传感器方法相比,尽管测试准度和动态响应频率不如传感器精准,但可以直接在常规旋翼桨叶上喷涂使用,不需要专门制造内嵌压力传感器的桨叶模型,测试面积大,获取结果快,费用低。简单来讲,桨叶表面布置动态压力传感器方法尽管精准但复杂、昂贵、周期长,快速响应的压敏漆方法正好可以弥补这种不足,为桨叶脉动压力测量提供了另一种可选择方法,是当前国内外众多航空机构和院校关注并研究的测量技术。

因此,在旋翼气动特性研究方面,下一步可基于PSP和内嵌动态压力传感器两种技术路线开展旋翼桨叶模型表面脉动压力测量研究,攻克这一技术难题,完善我国直升机旋翼气动噪声、振动水平的预测评估与试验鉴定技术体系,为先进直升机旋翼设计验证提供有力的技术支撑。

第 5 章
风洞试验数据修正研究

直升机模型风洞试验是研究直升机性能、空气动力特性、噪声及振动特性的重要手段,是研制新型高性能直升机必不可少的条件之一。各技术发达国家在研制新型直升机时,都要进行大量的风洞试验研究,并因此研制了大量试验设备,发展了许多先进的试验技术。

旋翼翼型设计技术是直升机设计中的一项核心技术。翼型设计中的一个重要环节是风洞性能验证,新设计的旋翼翼型大部分静态特性数据依赖 0.6m 量级的跨声速风洞获取,由于受洞壁等因素干扰,当前国内此类风洞试验准度欠佳,以国内多座跨声速风洞的 OA309 旋翼翼型试验数据为例,其升力线斜率、最大升力系数等都明显小于国外试验得到的性能数据,这轻则拖慢了旋翼翼型的设计进程,重则误导了旋翼翼型优化设计方向,严重影响了我国旋翼翼型设计工作。针对此问题,一是可以建设"自修正风洞",尽量减小风洞洞壁干扰;二是可以进行相应的洞壁干扰修正。对于已建成的跨声速风洞,第二种方法(洞壁干扰修正)较为现实可靠。

另外,与固定翼飞机风洞试验相同,直升机模型风洞试验也存在数据修正问题,且较前者复杂。美国、俄罗斯等技术发达国家,均对旋翼模型风洞试验结果修正进行了大量的研究。美国 NASA 从 20 世纪 60 年代起就专门成立了"相关性小组"来研究此项问题。美国波音公司和西科斯基公司、法国宇航研究院、俄罗斯中央空气流体力学研究院及德国宇航研究院等均开展了此项工作,建立了包含大量的模型风洞试验及飞行试验数据的数据库,研制了各种类型的分析或数据修正软件系统。1991 年以来,美国 NASA、美国陆军和德国宇航研究院飞行力学研究所又共同开展了 BO – 105 旋翼模型和全尺寸旋翼风洞试验结果以及飞行试验结果的相关性研究,以改进分析预估方法。

旋翼模型风洞试验数据修正研究的目的是要解决由模型风洞试验结果预测

全尺寸旋翼性能和载荷的问题,涉及缩尺模型制造、相似律的满足和流场边界等问题。其中,缩尺模型的制造随着复合材料涉及制造技术的进步已经能够做到几何相似和动力相似,不仅能够较好地模拟真实旋翼的几何外形,而且能够模拟动态变形。在运动相似方面,主要是模拟 Ma 数和 Re 数的矛盾,在需要考核旋翼的性能和载荷时,要模拟真实旋翼的 Ma 数,以便能够模拟压缩性影响;此时,模型的 Re 数就低于真实旋翼的。在流场边界方面,需要解决洞壁干扰和支架干扰的修正问题。

CARDC 在旋翼翼型、旋翼模型风洞试验数据修正方面,开展了一些研究。开展过旋翼翼型、旋翼模型风洞试验洞壁干扰修正方法研究,根据某型直径 4m 旋翼模型的风洞试验结果,对旋翼的气动性能进行了初步的 Re 数修正。本章将对有关研究成果进行介绍。

5.1 旋翼翼型高速风洞试验壁压法修正研究

对于跨声速风洞,其洞壁附近区域的局部流动很不均匀,基于扰动速度势的洞壁边界条件十分复杂,洞壁干扰修正十分困难。目前,用于洞壁干扰修正的方法有试验修正法、映像法、Maskell 法、涡格法、面元法、数值计算法和壁压信息法等。其中,壁压信息法不需要额外知晓洞壁通气参数,仅需在试验的同时实时测量洞壁附近的气流参数,不需提出各种近似假设,精准度高、耗资少,故国外 Mokry 和国内范召林等均采用壁压信息法进行透气壁干扰修正。而旋翼翼型与常规翼型相比,其升力效应更大,洞壁干扰更明显,故本节基于已有的单线性壁压信息法,在做相应简化改动后用 MATLAB 软件编制了相应的修正程序,并成功应用在 OA309 旋翼翼型高速风洞试验中。其修正结果证明了该法简单合理,可用于高升力旋翼翼型的通气壁干扰修正。

5.1.1 旋翼翼型壁压测量试验

1. 试验装置

试验是在中国空气动力研究与发展中心的 FL-21 风洞中进行的(图 5-1),该风洞为试验段长 1.775m、横截面积为 0.6m×0.6m 的暂冲式跨、超声速风洞。跨声速时,试验段上下壁板由 60°斜孔壁组成,两侧均为实壁。

试验模型为 OA309 旋翼翼型,翼型模型展长 800mm(其中翼型段 600mm),弦长 c =150mm。为增加翼型上测压孔数量,同时壁面相邻测压孔之间的干扰,上、下型面均分别布置两列测压孔,上翼面布置 53 个测压孔,下翼面布置 51 个测压孔(图 5-2),同一型面的两列测压孔交替组成一个测压序列。在风洞中采取横跨方式水平安装在左、右转窗上,回避了支架对试验准确度的干扰。

图 5-1 旋翼翼型 FL-21 风洞试验图

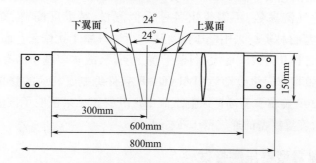

图 5-2 旋翼翼型测压点分布图

尾流耙设计有 48 个总压管和 5 个静压管,安装在风洞的大攻角机构上,安装后静压管端部的基准位置距离翼型后缘 262mm(1.75 倍模型弦长),此处翼型尾流已得到充分发展。

壁压条共使用两根,分别安装于上、下透气壁处,每根壁压条上沿风洞流线方向布置 40 个壁压孔,为避免壁压条长度影响迎角修正量和速度修正量的准确度,壁压条最前端的壁压测量点应位于风洞轴向压力梯度接近于零的位置,最后端的壁压测量点应延续到模型后缘约 2 倍弦长处。另外,测压孔距离壁面的距离为 53mm,避开了通气孔附近的强烈不均匀流动区;翼型迎角 0°时堵塞度为

2.25%。试验模型、尾流耙和壁压条的相对安装位置如图5-3所示。

翼型表面、壁压信息条静压以及尾流测压耙总、静压由 PSI9016 电子扫描阀系统采集,该电子扫描阀具有数字温度补偿功能,稳定性好,其系统精度达到±0.05%FS(满量程)。

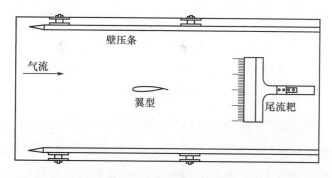

图5-3 试验模型、尾流耙和壁压条的相对安装位置

2. 试验结果分析

图5-4 为 $Ma=0.3$ 以及 α 分别为 $0°$、$12°$ 时 OA309 模型壁压分布。其纵坐标为压力系数 C_p,横坐标为壁压条长度(x/c)。由图5-4(a)可知,翼型迎角为 $0°$,翼型产生升力较小,对上、下壁压力分布干扰较小,故上、下壁压条压力系数值基本重合;由图5-4(b)可知,翼型迎角为 $12°$ 时,翼型产生较大升力,对上、下壁压力分布干扰较大,故上、下壁压条测得的压力数据不重合,前、后端压力差异较小,翼型区压力差异较大。此处需说明,壁压条测压的结果出现不规则的波动,这与壁压条的加工精度等因素有关,试验数据处理时可通过减去相同条件下空风洞的壁压条测量值给予扣除,同时可采用样条曲线对其进行光顺。

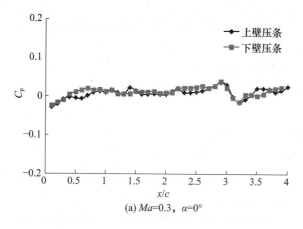

(a) $Ma=0.3$,$\alpha=0°$

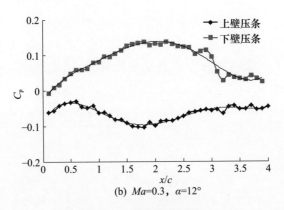

(b) $Ma=0.3$,$\alpha=12°$

图 5-4 试验壁压分布

通过对翼型表面上各点的压力系数 C_{pi} 进行积分得到翼型的升力系数,通过对尾流动量损失的积分得到翼型阻力系数,升力系数与阻力系数之比为翼型升阻比。图 5-5~图 5-7 为 $Ma=0.4$ 时未经壁压法修正的 OA309 旋翼翼型试验结果。由图可见,其升力线斜率、最大升力系数所对应迎角、最大升阻比等均与国外数据[2]有较大差异。

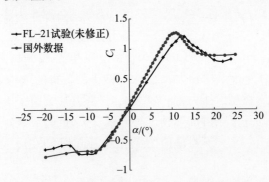

图 5-5 OA309 旋翼翼型升力系数曲线对比

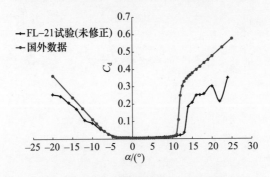

图 5-6 OA309 旋翼翼型阻力系数曲线对比

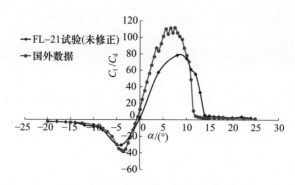

图 5-7　OA309 旋翼翼型升阻比曲线对比

5.1.2　简化的单线性壁压信息法

1. 方法概述

扰动速势 ϕ_m 在透气壁附近区域满足亚声速小扰动线化速势方程：

$$\beta^2 \frac{\partial^2 \phi}{\partial x^2} + \frac{\partial^2 \phi}{\partial y^2} = 0 \quad (5-1)$$

式中

$$\beta = \sqrt{1 - Ma^2}$$

$$\phi = \phi_m + \phi_b$$

其中：ϕ_m 为模型在洞壁附近的远场扰动速势；ϕ_b 为待求的洞壁扰动速势。

翼型试验中将翼型沿弦线分为数块，每块上分别布置一个涡、源、偶极子（合称为奇点），这些奇点的 ϕ_m 满足

$$\phi_m = -\frac{1}{2\pi}\sum_K G_K \arctan\left[\frac{\beta(y-y_K)}{x-x_K}\right] + \frac{1}{2\pi\beta}\sum_K V_K \frac{x-x_K}{R_K^2} + \frac{1}{2\pi\beta}\sum_K Q_K \log R_K$$

$$(5-2)$$

式中

$$R_K = \sqrt{(x-x_K)^2 + \beta^2(y-y_K)^2}$$

$$\sum_K G_K = 0.5 b_a C_{Lu}$$

$$\sum_K Q_K = 0.5 b_a C_{Du}$$

$$\sum_K V_K = V$$

其中:G_K 为涡强度;Q_K 为源强度;V_K 为偶极子强度;C_{Lu} 和 C_{Du} 分别为试验所得升力系数和阻力系数;K 为第 K 个奇点值;b_a 为翼型弦长;V 为模型的横截面积。

二维翼型试验中,各分块上偶极子和源的强度由各分块的面积决定,涡强度沿翼弦的分布由翼型上、下表面压力分布规律确定。经验表明,旋翼翼型高速风洞的修正结果受奇点强度分布规律的影响较小,故可根据实际需要进行奇点强度分配,只要总强度满足 G_K、Q_K、V_K 即可。

此外,由于壁压条测得的数据有一定程度的跳动散布,在使用这些数据之前应采用三次样条光顺法对每根壁压条的壁压数据进行光顺处理。为消除系统误差,一般用带模型的壁压值减去相同条件下空风洞的壁压值,所得数据应用于式(5-2)。

根据调和函数的性质,由式(5-1)可推导出,透气壁干扰产生的轴向速度分量 $u = \partial\phi_b/\partial x$ 满足

$$\beta^2 \frac{\partial^2 u}{\partial x^2} + \frac{\partial^2 u}{\partial y^2} = 0 \tag{5-3}$$

由上、下壁压条测出的压力系数 C_p,可得到控制边界上的 u 值,即

$$u = -0.5 C_p - \frac{\partial \phi_m}{\partial x} \tag{5-4}$$

式(5-3)和式(5-4)构成了一个狄里克雷(Dirichlet)问题,可以采用有限差分法求解该问题,从而求出模型区各处的 u 值。再对马赫数以及迎角进行修正,即

$$\Delta Ma = (1 + 0.2 Ma_u^2) Ma_u \times u$$

$$\Delta \alpha = \frac{1}{\beta} \int_{x_0}^{x_e} \frac{\partial u(x,y)}{\partial y} \mathrm{d}x - \frac{\partial \phi_m}{\partial y}$$

$$Ma_c = Ma_u + \Delta Ma$$

$$\alpha_c = \alpha_u + \Delta \alpha$$

式中:Ma_u、α_u 分别为修正前的马赫数和迎角;Ma_c、α_c 分别为修正后的马赫数和迎角;$\partial\phi_m/\partial y$ 可由式(5-2)求解。

试验通常希望得到在 Ma_u 和 α_u 状态下的无洞壁干扰气动力系数值,可以使用测量的气动力系数对马赫数或迎角的导数值等,通过适当的工程计算方法得到 Ma_u 和 α_u 状态下的修正气动力系数值。例如,翼型试验可以使用以下简化公式:

$$C_{Lc} = C_{Lu} + \frac{\partial C_L}{\partial \alpha} \Delta \alpha + \frac{\partial C_L}{\partial Ma} \Delta Ma$$

$$C_{mc} = C_{mu} + \frac{\partial C_m}{\partial \alpha}\Delta\alpha + \frac{\partial C_m}{\partial Ma}\Delta Ma$$

$$C_{Dc} = C_{Du} + \frac{\partial C_D}{\partial \alpha}\Delta\alpha + \frac{\partial C_D}{\partial Ma}\Delta Ma$$

图5-8为二元旋翼翼型试验迎角修正量。由图可见,由于式(5-2)中分母是修正位置坐标与所布置奇点坐标之差,若奇点位置布置不合理,必将造成迎角修正量畸变,马赫数修正量也是如此。故需根据壁压条上测压孔的位置(修正位置坐标)对奇点位置进行调整,使奇点的轴向位置(x方向)与相邻两个壁压条测压孔中点的轴向位置相等,避免奇点太接近测压孔,引起修正量畸变;当翼型模型迎角变化时,奇点的轴向位置也要与相邻两个壁压条测压孔中点轴向位置保持相等。

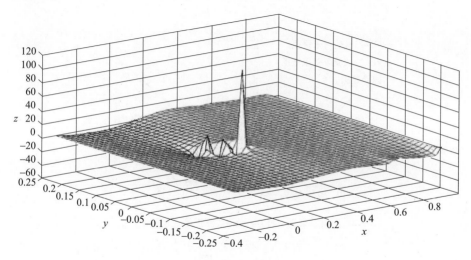

图5-8 二元旋翼翼型试验迎角修正量

2. 修正结果

采用简化改进的单参数线化壁压信息法,对FL-21高速风洞中OA309旋翼翼型典型马赫数Ma为0.4、0.6情况下的试验数据进行修正,修正结果如图5-9和图5-10所示。由图5-9(a)和图5-10(a)可明显看出,修正后的升力曲线在线性段与国外数据极为吻合,二者差别约为2%(升力线斜率修正量约为10%),且最大升力系数所对应的迎角十分接近。由图5-9(b)和图5-10(b)可看出,修正后的阻力发散迎角与国外数据极为吻合,迎角α为-4°~11°时,阻力系数重合较好。由图5-9(c)和图5-10(c)可看出,修正后较修正前,升阻比曲线也有了较大改善。所以,该方法能有效修正OA309旋翼翼型试验数据,特别是模型迎角,而对马赫数(修正量小于0.1%)、升力系数、阻力系数和俯仰力矩系数的修正量不大。

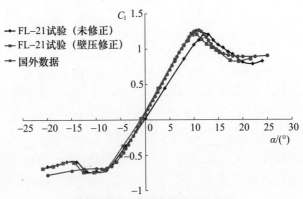

(a) 旋翼翼型升力系数曲线修正前后对比

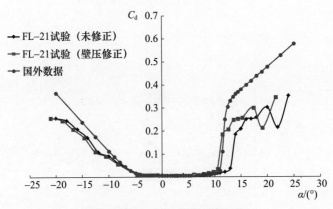

(b) 旋翼翼型阻力系数曲线修正前后对比

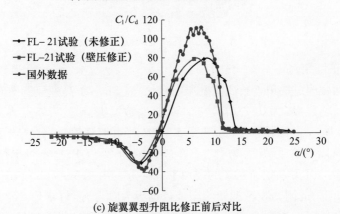

(c) 旋翼翼型升阻比修正前后对比

图 5-9 $Ma=0.4$ 时旋翼翼型升力系数、阻力系数及升阻比修正前后对比

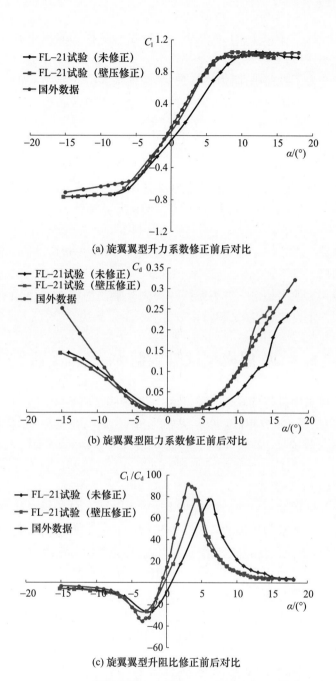

(a) 旋翼翼型升力系数修正前后对比

(b) 旋翼翼型阻力系数修正前后对比

(c) 旋翼翼型升阻比修正前后对比

图 5-10　$Ma=0.6$ 时旋翼翼型升力系数、阻力系数及升阻比修正前后对比

从修正后的数据还可以看出，修正后的最大升力系数和最大升阻比较国外数据偏小，本书认为这与试验雷诺数有关。国外部分风洞采用增压方式进行翼

型试验,雷诺数高于国内风洞,而从雷诺数对试验数据影响规律可以知道,雷诺数越大,最大升力系数越大,阻力系数越小。所以,由于本书试验雷诺数偏低,修正后的最大升力系数偏小,阻力系数偏大,致使最大升阻比明显小于国外数据。该问题可通过增加试验雷诺数或雷诺数外插修正等方法解决,该内容不在本书研究范围内,故不过多赘述。

5.1.3 结论

(1) 本节采用的简化改进单参数线化壁压信息法能快速对旋翼翼型进行洞壁干扰修正,且修正效果令人满意,是一种解决旋翼翼型高速试验洞壁干扰的有效手段。

(2) 该方法主要修正旋翼翼型的来流迎角,而对试验马赫数、升力系数、阻力系数等的修正量不大。

(3) 修正后的翼型最大升力系数和最大升阻比仍偏小,后期可采用改进尾流积分区域判定方法、增加试验雷诺数等方法予以解决。

5.2 旋翼模型试验数据 Re 数修正研究

在常压风洞中进行旋翼缩尺模型试验,很难同时满足 Ma 数和 Re 数相似的条件,通常只保证 Ma 数相似。以桨尖处的 Re 数为例,在满足 Ma 数相似的条件下,直径 4m 旋翼模型 $Re \approx 2 \times 10^6$,直径 2m 旋翼模型 $Re \approx 1 \times 10^6$,而全尺寸旋翼 $Re \approx 6 \times 10^6$。因此,应用旋翼缩尺模型的风洞试验结果预估全尺寸旋翼性能时,要进行 Re 数影响的修正。

对于如何利用缩尺模型的风洞试验结果来评估全尺寸旋翼的性能,国内开展的研究很少。而欧美等国的各大研究机构均开展了大量的研究,利用大量的试验数据,研究形成了比较成熟的方法。例如:美国的 Boeing – Vertol 在研究了定常及非定常翼型数据的 Re 数效应的基础上,研究掌握了由缩尺模型的试验数据估计全尺寸旋翼性能的技术;DLR 则通过将模型旋翼的弦长放大 10% 的方法,来减小 Re 数的影响。"十五"期间,CARDC 开展了旋翼模型风洞试验数据 Re 数影响修正研究。通过研究,初步建立了旋翼性能的 Re 数影响修正方法。

5.2.1 悬停效率的 Re 数效应估算方法

虽然直接由旋翼模型试验结果外推其全尺寸性能还不十分准确,在工程研制阶段通常采用适当的方法来估算全尺寸旋翼的性能。下面将针对悬停效率推导考虑 Re 数修正的估算公式。

旋翼的悬停效率定义为

$$FM = \frac{理论诱导功率}{实际功率} = \frac{P_{it}}{P_i + P_o} \quad (5-5)$$

式中：P_i 为诱导功率，且与翼型升力有关；P_o 为型阻功率，与翼型摩擦阻力相关；根据旋翼理论，P_{it} 为悬停状态下的诱导功率，且有

$$P_{it} = \rho \cdot S \cdot U^3 C_t^{3/2}$$

考虑到实际旋翼上升力沿桨叶径向分布的不均匀性，实际诱导功率与理论诱导功率之比，$k = P_i/P_{it}$，通常取 $k = 1.1$。用 C_{xp} 代表翼型的摩擦阻力系数，并忽略高阶项后型阻功率可写为

$$P_o = \frac{\rho}{8} C_{xp} \cdot S \cdot \sigma \cdot U^3$$

对某一 C_t/s 值，可以将式(5-5)改写为

$$\rho \cdot S \cdot U^3 \cdot C_t^{3/2} = \frac{FM}{1-k \cdot FM} \frac{\rho}{8} S \cdot \sigma \cdot C_{xp} \cdot U^3 \quad (5-6)$$

式(5-6)适当变换后，可得

$$\left(\frac{C_t}{\sigma}\right)^{3/2} = \frac{1}{8} \frac{FM}{1-k \cdot FM} \frac{C_{xp}}{\sqrt{\sigma}} \quad (5-7)$$

当缩尺模型和全尺寸旋翼的 C_t/s 值保持相同时，由于 Re 数效应的影响，C_{xp} 值是不同的。对相同的 C_t/s 值，由式(5-7)可得

$$\left(\frac{C_t}{\sigma}\right)^{3/2} = \frac{1}{8} \frac{FM_M}{1-k \cdot FM_M} \frac{C_{xp_M}}{\sqrt{\sigma}} = \frac{1}{8} \frac{FM_F}{1-k \cdot FM_F} \frac{C_{xp_F}}{\sqrt{\sigma}} \quad (5-8)$$

本次试验旋翼模型的实度与全尺寸旋翼的相同，从式(5-8)可得到全尺寸旋翼悬停效率的估算公式，即

$$FM_F = \frac{\left(\dfrac{FM_M}{1-k \cdot FM_M}\right)\dfrac{C_{xp_M}}{C_{xp_F}}}{1+k\left(\dfrac{FM_M}{1-k \cdot FM_M}\right)\dfrac{C_{xp_M}}{C_{xp_F}}} \quad (5-9)$$

由于旋翼桨叶表面的流动状态既有层流也有紊流，为简化计算，分别按照全为层流和紊流的情况进行处理。旋翼桨叶某一径向位置处的 $Re = \dfrac{U \cdot c}{\nu}$，其中，$c$ 为桨叶的弦长，ν 为空气的运动黏性系数。由于模型试验的介质为空气，且满足了桨尖 Ma 数相同的条件，则有

$$\frac{Re_M}{Re_F} = \frac{c_M}{c_F}$$

对于某旋翼及其缩尺模型，$c_M = 0.125\mathrm{m}$，$c_F = 0.420\mathrm{m}$。

考虑紊流状态，利用 $C_x \cdot Re^{1/6} = A$（A 为常数）的关系，可得

$$\frac{C_{xp_M}}{C_{xp_F}} = \left(\frac{Re_F}{Re_M}\right)^{1/6} = \left(\frac{c_F}{c_M}\right)^{1/6} = 1.224$$

考虑层流状态，利用 $C_x \cdot Re^{1/2} = B$（B 为常数）的关系，可得

$$\frac{C_{xp_M}}{C_{xp_F}} = \left(\frac{Re_F}{Re_M}\right)^{1/2} = \left(\frac{c_F}{c_M}\right)^{1/2} = 1.833$$

将上述结果代入式(5-9)，可以得出全尺寸旋翼的悬停效率估算结果。

5.2.2　等效升阻比的 Re 数效应估算方法

与悬停效率类似，L/D 也有 Re 数效应修正的问题。下面从 L/D 的定义出发，推导对其进行 Re 数修正的方法。

旋翼的等效升阻比计算公式为

$$\frac{L}{D} = E = \frac{F_y \cdot V}{P_i + P_o} = \frac{F_y \cdot V}{P - P_p} = \frac{F_y \cdot V}{Mk \cdot \omega - \frac{1}{2}\rho \cdot C_x S \cdot V^3} \quad (5-10)$$

式中：F_y 为旋翼的升力；V 为风速或前飞速度；$Mk \cdot \omega$ 为产生相应的 F_y 和克服机身废阻所需的旋翼功率；ρ 为大气密度；$C_x S$ 为旋翼的阻力面积。

由旋翼理论可知，前飞时旋翼的诱导功率为

$$P_i = \frac{T^2}{2\rho \cdot S \cdot V} = \frac{1}{8}\rho \cdot S \frac{U^4}{V} C_t^2 \quad (5-11)$$

对于型阻功率，忽略 m 的高阶项后，可得

$$P_o = \frac{\rho}{8} S \cdot \sigma \cdot C_{xp} \cdot U^3 \quad (5-12)$$

将式(5-11)和式(5-12)代入式(5-10)，并进行变换可得

$$\begin{cases} P_i + P_o = \dfrac{F_y \cdot V}{E} \\ \dfrac{U^4}{8V}C_t^2 + \dfrac{\sigma}{8}C_{xp} \cdot U^3 = \dfrac{V}{2E}C_t \cdot U^2 \\ \dfrac{\sigma}{4\mu}C_{xp} = \dfrac{C_t}{E} - \dfrac{C_t^2}{4\mu^2} \end{cases} \quad (5-13)$$

分别对缩尺模型和全尺寸旋翼应用式(5-13),并考虑到某旋翼模型的实度与全尺寸的相同,可以推导出

$$\frac{1}{E_F} = \frac{1}{E_M} + \frac{C_{xp_F} - C_{xp_M}}{4\mu \dfrac{C_t}{\sigma}}$$

式中:E_F 为全尺寸旋翼的升阻比。

利用紊流状态下的 C_{xp} 与 Re 数的关系,可得

$$\frac{1}{E_F} = \frac{1}{E_M} + \frac{C_{xp_M}}{4\mu \dfrac{C_t}{\sigma}} \left[\left(\frac{c_M}{c_F}\right)^{1/6} - 1 \right] \quad (5-14)$$

式(5-13)和式(5-14)可以由试验的 C_t、m、S 和 E_M(或 L/D)估算相应的全尺寸旋翼的等效升阻比 E_F,从而获得对旋翼前飞效率的预测。

5.2.3 悬停性能修正

1. 模型悬停试验结果

在设计的正常桨尖马赫数 $Ma_t = 0.632$ 下,4 次变总距试验获得的悬停效率结果如图 5-11 所示。图中给出的悬停效率未扣除桨根消耗的功率,试验获得的桨根功率约 1kW,约占旋翼最大功率的 1%。从图中可以看到,4 次试验结果基本重合。从试验结果看,该旋翼模型在 $C_t = 0.02$ 时有最大悬停效率 $FM = 0.732$。

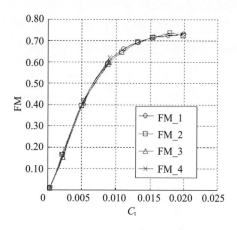

图 5-11 悬停效率试验结果

桨尖马赫数为 0.576、0.632 和 0.671 的悬停效率试验结果如图 5-12 所示。从图中可以看到:在 $C_t < 0.015$ 时,三种马赫数的功率系数结果非常接近;

当 $C_t > 0.015$ 时,$Ma_t = 0.576$ 下的效率较其余两者大。$Ma_t = 0.576$ 时的最大悬停效率可达到 0.750,而 Ma_t 为 0.632 和 0.671 时的最大悬停效率分别为 0.732 和 0.727。

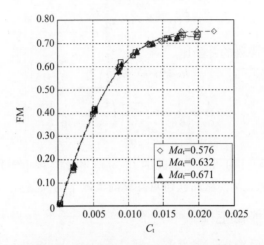

图 5 – 12　变 Ma_t 的悬停效率试验结果

在由于试验台驱动功率的限制而不能试验到失速出现时的拉力系数的情况下,通常采用降低旋翼转速的方法。从图 5 – 12 的结果看,降低转速后,试验的拉力系数最大值达到 0.022,相应的 FM = 0.750;仍然没有出现 FM 降低的情况,也就是说还未出现失速。

2. 全尺寸旋翼悬停效率的预测

应用 5.2.1 节介绍的方法,对图 5 – 11 和图 5 – 12 中的试验结果进行了外推估算,估算结果分别示于图 5 – 13 和图 5 – 14 中。

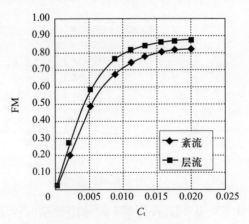

图 5 – 13　悬停效率估算结果

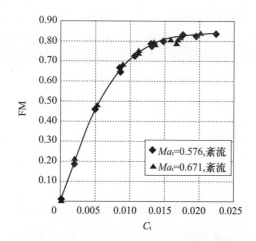

图 5-14 变 Ma_t 的悬停效率估算结果

首先看正常转速状态下的悬停效率(图 5-13)。从图 5-13 的数据可以得出,按照层流和紊流状态估算的最大悬停效率分别为 0.87 和 0.82。考虑到旋翼桨叶表面的流动既有层流又有紊流,估计全尺寸旋翼的最大悬停效率为 0.82 以上。图 5-14 给出了改变转速状态下的估算结果,只按紊流状态进行了估算。图中结果表明,低转速时旋翼的最大悬停效率为 0.82 以上,高转速时旋翼的最大悬停效率为 0.8 以上。总之,估计正常转速下旋翼的最大悬停效率不低于 0.82。

3. 全尺寸试验结果

通过完成旋翼的全尺寸悬停试验,给出了正常转速下悬停试验获得的悬停效率。其中包括了三次试验的结果,其中两次是在无扰动情况下试验,一次是在有扰动情况下试验获得的。结果表明:无扰动时,最大悬停效率为 0.803 和 0.812;有扰动时,最大悬停效率为 0.795。

与估计的结果相比较可以看出,估计的最大悬停效率与全尺寸试验结果比较接近。这表明所采用估算方法是合理的,可以满足工程设计的要求。

5.2.4 前飞性能修正

1. 模型前飞试验结果

前飞试验是按给定的旋翼升力和阻力系数进行配平,风速为 21.5~68.5m/s。进行了正常拉力下,阻力面积分别为 $2.3m^2$、$2.5m^2$、$2.7m^2$ 和 $2.9m^2$ 的前飞性能试验。前飞性能用等效升阻比 L/D 表示,图 5-15 给出了不同 CxS 下获得的等效升阻比结果。

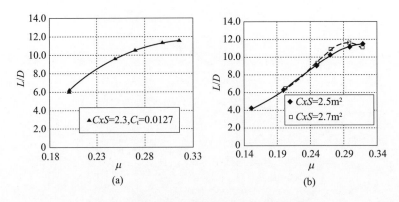

图 5-15　不同阻力面积前飞升阻比试验结果

图 5-15 的结果表明，在阻力面积为 2.3m² 和 2.5m² 的状态下，前进比到 0.32 时，旋翼的等效升阻比仍未出现下降的趋势；而且，当前进比大于 0.30 后，旋翼的等效升阻比分别高于 11.3 和 11.1。在阻力面积为 2.7m² 的状态下，当前进比为 0.30 时，旋翼的等效升阻比达到最大值 11.5；之后等效升阻比开始下降，到前进比为 0.32 时，L/D 降到了 11.1。总的来说，在阻力面积为 2.3m²、2.5m² 和 2.7m² 的情况下，旋翼的等效升阻比在前进比为 0.30 时都不小于 11.0。

2. 全尺寸旋翼的等效升阻比预测

应用 5.2.2 节介绍的方法，对图 5-15 所给的模型试验结果进行修正，得到正常拉力、3 种阻力面积情况下的全尺寸旋翼等效升阻比。修正结果如图 5-16 所示。图 5-16 的结果表明，估算的全尺寸旋翼的等效升阻比结果，比模型试验的结果提高了约 10%。前进比为 0.30 时的等效升阻比 L/D 分别达到 12.8（$CxS=2.3m^2$）、12.6（$CxS=2.5m^2$）和 13.0（$CxS=2.7m^2$）。总之，可以预测旋翼的等效升阻比在前进比为 0.30 时不会小于 12.0。

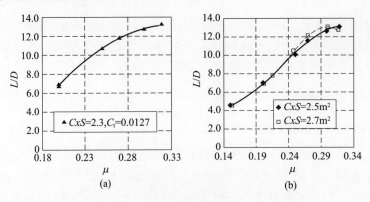

图 5-16　不同阻力面积前飞升阻比估算结果

5.2.5 结论

通过上面的分析，可以得出以下结论：

（1）用本节的估算方法，根据模型旋翼悬停试验结果推算的该旋翼最大悬停效率为 0.82 以上，与全尺寸旋翼悬停试验的结果比较接近。

（2）由前飞试验结果推算，旋翼的最大等效升阻比不低于 12.0。

（3）本节介绍的悬停效率和等效升阻比的 Re 数效应修正方法，可以满足工程设计阶段或改进研究中评估旋翼性能的需要。

5.3 旋翼风洞试验洞壁干扰修正研究

开展旋翼模型风洞试验时，由于试验段边界的限制，试验结果存在复杂的洞壁干扰，尤其是在小前飞速度状态下干扰作用较为严重。要提高旋翼模型风洞试验数据的准确度，必须进行洞壁干扰修正。

在固定翼飞机模型风洞试验中，模型的尾流与来流基本平行。旋翼模型试验时，尾流可能向下偏转 90°，因此修正计算要复杂得多。

从 20 世纪 60 年代开始，美国的 Harry H. Heyson 等就开始研究对旋翼模型风洞试验的洞壁干扰修正方法，主要是采用偶极子来模拟旋翼的尾流，包括尾流的偏转、模型的尺寸、模型的位置等主要因素。这种方法比较接近旋翼试验的实际情况，多年来一直被广泛采用。

1996 年，DLR 的 Langer 利用改进后的 Heyson 法，对 BO – 105 旋翼模型的风洞试验结果进行了修正，并与经典修正法的结果进行了比较；同时还进行了大量的风洞试验，以及全尺寸模型风洞试验和飞行试验，用于验证修正结果。

在国内，较早开展旋翼模型风洞试验洞壁干扰修正研究的有周亿裕、项正杰等，分别从试验和计算方面进行研究。其中，周亿裕参照 Heyson 的方法详细推导了计算公式，给出了干扰因子的计算结果，并与国外资料的结果进行了比较。由于当时试验能力有限，未能给出合适的试验数据，无法验证修正计算结果。

1980 年，项正杰等利用直径 2m 试验台在 4m×3m 风洞开展洞壁干扰的试验研究。研究工作包括：研制直径分别为 1.4m 和 2.1m 的两个刚性旋翼模型，在风洞中进行对比试验，采用等效机翼经典修正方法对试验数据进行修正。通过对前进比 μ 为 0.1、0.15 和 0.20 的试验状态的修正和比较，表明在 $\mu \geq 0.1$ 的情况下，修正后两幅模型的结果基本一致。这是国内最早的旋翼模型风洞试洞壁干扰修正试验验证。

1988年,杨永东参照J. E. Hackte等发展的壁压信息修正法,结合旋翼模型试验时旋翼尾流轨迹明显偏向风洞地板的特点,改进了奇点涡线模型,完成了修正计算程序的调试,并进行了数值模拟计算和分析。由于当时不具备旋翼模型试验能力,同样未进行试验验证。

CAROC低速气动力研究所自1990年建成8m×6m风洞直升机模型试验台以来,直升机模型风洞试验能力得到不断增强,成功地完成了十余期型号试验及研究试验任务。随着我国直升机事业的发展,更多的旋翼模型试验要在8m×6m风洞的第二试验段进行。因此,开展旋翼模型试验洞壁干扰修正研究十分必要。

CARDC曾经在8m×6m风洞完成了两期BO-105旋翼模型试验和一期某直径4m的动力相似全铰接旋翼模型试验,获得了能够反映洞壁干扰影响的试验数据。通过对试验数据分析得到,在小前进比试验状态下,洞壁干扰作用与前进比、拉力系数及主轴倾角等参数密切相关。这表明,要对小前进比状态下的试验结果进行准确的修正,需要在修正中考虑上述参数的影响。

Heyson法可以在计算干扰因子时将上述参数全部引入。其中,前进比和拉力系数的影响以诱导尾流偏角反映,主轴倾角则反映在偶极子模型的位置上。本项研究参考Heyson法,对8m×6m风洞的旋翼模型试验结果进行修正,并与其他方法获得的修正结果进行比较。

5.3.1 Heyson修正方法

最初在风洞中开展旋翼试验研究时,人们就认识到,风洞试验测量的结果不能直接用于自由飞行的情况。旋翼在风洞中受到的干扰与许多参数有关。例如,试验段的形式(开口、闭口、开缝或仅地板封闭)、试验段的形状(矩形、正方形、椭圆形等)、风洞试验段与旋翼模型的相对尺寸、旋翼模型相对于洞壁的位置、旋翼桨盘载荷、动压、尾流偏斜角等。

另外,旋翼及其支承系统的阻塞效应,以及在低速前飞时旋翼下洗尾流冲击到风洞地板引起的流场破坏,同样要影响旋翼的载荷及性能。

风洞洞壁对旋翼模型的干扰作用主要是在模型区产生诱导上洗(闭口试验段)或下洗(开口试验段)。通常情况下,对旋翼的总体气动性能结果进行修正,这时可以处理为对旋翼主轴倾角的修正。

Heyson修正方法的基本原理是假设旋翼的尾流由有限条半无限长的偶极子线构成,同时保留了旋翼尾流显著偏离水平线的根本特征。这样既简化了洞壁干扰因子的计算,也能顾及旋翼试验的特点。目前这种方法在国外,尤其在欧美等国得到广泛应用。

为了简化计算,采用有限条偶极子线来模拟尾迹,并分别考虑垂向偶极子和纵向偶极子的干扰因子,然后将各条偶极子线的诱导干扰作用叠加得到整个桨盘的干扰因子。

垂向偶极子产生的洞壁干扰因子表示为 $\delta_{w,L}$ 和 $\delta_{u,L}$,纵向偶极子产生的洞壁干扰因子表示为 $\delta_{w,D}$ 和 $\delta_{u,D}$。洞壁干扰作用对流场中某一点的干扰速度可以写为

$$\Delta w = \delta_{w,L}\frac{A_m}{A_T}w_0 + \delta_{w,D}\frac{A_m}{A_T}u_0 \qquad (5-15)$$

$$\Delta u = \delta_{u,L}\frac{A_m}{A_T}w_0 + \delta_{u,D}\frac{A_m}{A_T}u_0 \qquad (5-16)$$

式中:A_m 为模型的桨盘面积;A_T 为试验段截面积;w_0、u_0 分别为旋翼尾迹在桨盘中心处产生的诱导速度的垂向和纵向分量。

求出干扰速度后,可以用以下修正公式计算修正量:

$$\Delta\alpha = \arctan\frac{\Delta w}{\Delta u + U} \qquad (5-17)$$

$$U_c = \sqrt{(U + \Delta u)^2 + \Delta w^2} \qquad (5-18)$$

式中:U 为未修正的来流速度。

由于干扰因子 $\delta_{w,L}$、$\delta_{u,L}$ 和 $\delta_{w,D}$、$\delta_{u,D}$ 与旋翼模型的试验状态参数密切相关,对每一个试验数据的修正,都需要计算干扰因子。在计算机速度不高的年代,这种修正方法的应用受到计算时间的限制,不能对试验数据进行实时修正。随着计算机技术的飞速发展,计算干扰因子所需的时间大大缩短,使得应用这种修正方法对试验数据进行实时修正成为可能。

在计算干扰因子时,需要知道当时状态下的尾流偏斜角 χ。通常情况下,实际的尾流偏斜角是未知的,也很难利用实验手段测量。因此,要利用旋翼的动量理论,根据试验时的风速和拉力计算尾流偏斜角。

由旋翼的动量理论计算 χ,首先需要解以下方程求出旋翼的诱导下洗速度 u_i:

$$u_i^4 + (2U\sin\alpha)u_i^3 + U^2u_i^2 - v_h^4 = 0$$

式中：v_h 为悬停状态下相同拉力 T 时产生的诱导速度，且有

$$v_h^2 = \frac{T}{2\rho\pi R^2}$$

然后，求出尾流偏斜角 χ，以及 w_0 和 u_0：

$$\tan\chi = \frac{U + u_i\sin(-\alpha)}{u_i\cos\alpha}$$

$$w_0 = -u_i\cos\alpha$$

$$u_0 = u_i\sin(-\alpha)$$

考虑到由旋翼动量理论求出的 χ 与实际的 χ 有差别，采用有效尾流偏斜角 χ_e 来计算干扰因子的方法，并把 χ_e 定义为

$$\tan\chi_e = \frac{\pi^2}{4}\frac{U + u_i\sin(-\alpha)}{u_i\cos\alpha}$$

在上述公式中：旋翼诱导速度 u_i 的方向是垂直于桨盘平面并指向下方；w_0 和 Δw 的方向是垂直于来流并指向上方，u_0 和 Δu 则为沿来流方向。

5.3.2 修正因子计算及试验结果的修正

1. 修正因子计算

洞壁干扰因子 $\delta_{w,L}$、$\delta_{u,L}$ 和 $\delta_{w,D}$、$\delta_{u,D}$ 随旋翼模型在风洞中的位置、试验状态参数而变化。为了更清楚了解其变化规律，以某直径 4m 旋翼模型在 CARDC 的 12m×16m 和 8m×6m 风洞试验的布局为基础，计算了在不同高度、不同主轴倾角及尾流偏斜角情况下的洞壁干扰因子。

首先假设旋翼模型在风洞中改变主轴倾角时不影响模型的高度，分别计算了主轴倾角及模型高度的变化对干扰因子的影响。计算结果表明，主轴倾角的变化主要对 $\delta_{u,L}$ 和 $\delta_{u,D}$ 产生影响，旋翼模型的高度对所有干扰因子的影响均较大。

对于 CARDC 目前的旋翼模型试验台布局，主轴前倾的转动中心位于试验台的下部。试验时，改变主轴倾角，会引起模型中心位置的变化，从而引起干扰因子的变化。因此，在对试验数据进行修正计算时，要考虑主轴倾角变化的因素。图 5-17 给出考虑了实际的转动中心位置后改变主轴倾角对 $\delta_{u,L}$ 的影响结果。从图中的曲线可以看到，对于现在的试验设备及模型布局，在试验的主轴倾角变化范围内，干扰因子要随 α 而改变。

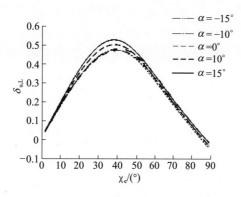

图 5-17 8m×6m 试验段 $\delta_{u,L}$ 随 χ_e 的变化

2. 试验结果的修正计算

修正计算以某直径 4m 旋翼模型风洞试验结果为基础,包括 12m×16m 试验段和 8m×6m 试验段的试验结果。Heyson 法修正计算,主要是根据每个试验点的状态,求出等效尾流偏角 χ_e,然后计算这一状态下的洞壁干扰因子,进而求出洞壁干扰作用在模型位置处的诱导速度,并计算 $\Delta\alpha$ 和 U_e。等效机翼修正法计算时,对 12m×16m 试验段,取 $\delta_w = 0.1778$;对 8m×6m 试验段,取 $\delta_w = 0.1170$。

首先比较 12m×16m 试验段的修正结果。图 5-18 给出了 $C_T = 0.0140$、$\alpha = -2°$ 时两种方法计算的 $\Delta\alpha$。从图中可以看到,在小前进比情况下,等效机翼法得出的修正角远大于 Heyson 法的结果。这主要是因为在小前进比情况下,旋翼的尾流偏角较大,与等效机翼修正法中假设尾流基本不偏离的条件差别较大,使得修正结果不可信。相反地,Heyson 法的修正,考虑了尾流偏角的影响,修正结果相对合理。同时图中的曲线表明,随着前进比的增加,两种修正方法的修正结果趋于接近。

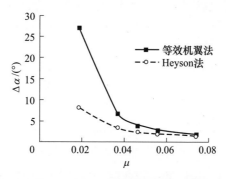

图 5-18 12m×16m 试验段修正结果

图 5-19 给出了 $C_t = 0.0140$、$\alpha = -2°$ 时 8m×6m 试验段的修正结果。同样可以看到,当前进比较小时,等效机翼法的修正量偏大。随着前进比的增加,两种修正方法的修正结果趋于接近。当前进比大于 0.1 后,两种修正方法的修正结果基本相同。

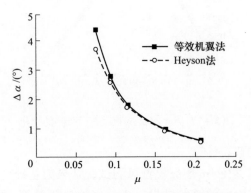

图 5-19　8m×6m 试验段修正结果

试验结果中,可比较的 12m×16m 试验段和 8m×6m 试验段的结果,只有前进比为 $0.074(U=16\text{m/s})$ 状态的结果。图 5-20 给出了利用 Heyson 法对前进比为 0.074,$C_t = 0.0140$ 的试验数据进行修正后得到的 $C_q - \alpha$ 曲线。可以看到,8m×6m 试验段的数据,修正前与 12m×16m 试验段的结果相差较大,修正后,与 12m×6m 试验段的结果差距减小。这表明修正的趋势是正确的。要说明的是,图 5-20 中的修正结果,只考虑了洞壁干扰作用产生的诱导攻角的修正。

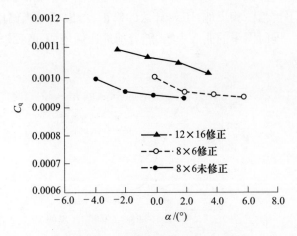

图 5-20　不同试验段修正结果比较

图 5-21 给出了用 Heyson 法修正程序计算 BO-105 旋翼模型的洞壁干扰修正结果（$C_L = 0.0005$）。由图中可以看出，计算的旋翼轴倾角修正量，与用功率配平试验方法获得的修正角接近。

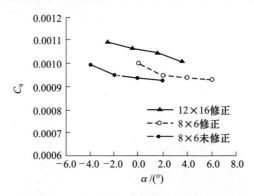

图 5-21 BO-105 旋翼洞壁干扰修正比较

5.3.3 结论

用 Heyson 法对某直径 4m 旋翼模型和 BO-105 旋翼模型风洞试验结果进行修正计算，并进行比较分析，可以得出以下结论：

(1) 由于考虑了旋翼尾流偏角的影响，在前进比 $\mu \leq 0.1$ 情况下，Heyson 修正法的修正结果较等效机翼法的合理。

(2) 在 $\mu > 0.1$ 的情况下，由于尾流偏角逐渐减小，两种修正方法的修正结果趋于一致。

(3) 用 Heyson 法修正结果与功率配平试验方法获得的修正结果基本一致。

5.4 发展趋势分析

直升机旋翼或旋翼/机身组合模型的风洞试验是一项带动力高升力试验。由于风洞洞壁、模型支架的存在，以及模型与实物的 Re 数的差别等因素，使得风洞试验结果不能直接用于全尺寸旋翼。因此，必须开展风洞试验结果与飞行结果的相关性研究，使全尺寸旋翼的性能、载荷能由模型风洞试验结果预测，避免设计更改，从而大大降低型号研制费用和周期，减少飞行试验的风险和周期。

美国、俄罗斯、欧洲各国等技术发达国家，均对旋翼模型风洞试验结果相关性进行了大量的研究。目前国内基本掌握了直升机旋翼模型风洞试验数据的洞壁干扰和 Re 数影响修正方法，也对支架干扰的修正进行了研究，与国外相比存在的差距主要是：缺乏全尺寸模型或飞行试验数据对修正方法进行充分的验证，对支架干扰的研究不够深入，未掌握合适的修正方法。因此，需完善直升机旋翼模型风洞试验数据的修正方法体系，开展风洞试验与飞行试验相关性研究，建立风洞试验数据向飞行数据外延的相似准则和修正体系，由此减少最终飞行试验评估的风险和周期。

第6章
直升机气动干扰试验研究

6.1 悬停及前飞状态下旋翼/机身气动干扰研究

直升机空气动力的各个组成部分之间存在着十分复杂的相互干扰。直升机的动力学、性能、操纵品质、噪声、振动等都不同程度地受这些气动干扰的影响,特别是具有高桨叶载荷和小的旋翼/机身间距特点的下一代新型直升机。因此,研究这些气动干扰在直升机设计过程中将起关键的作用。几十年来,随着先进的直升机模型气动特性试验设备的出现,国外十分活跃地开展地面悬停及风洞试验,从直升机"整体"概念出发,研究旋翼/机身(及各部件)/尾桨的气动干扰机理,优化其气动布局,确定最佳的控制气动干扰的布局参数,并根据大量的试验结果来改进各种气动力预测方法。国内由于试验设备条件的限制,旋翼/机身气动力干扰试验研究工作起步较晚。

本章利用直升机旋翼试验台、BO-105旋翼模型和Z-9机身模型在8m×6m风洞进行了试验。用3台天平分别测定了旋翼和机身的气动力,用机械压力扫描阀测定了机身模型典型剖面的压力分布,并用丝线对机身表面进行了流态观察,获得了正确的气动干扰概念和与国外相类似的试验结果。

6.1.1 试验模型及设备

旋翼模型为德国MBB公司设计制造的BO-105全动力相似复合材料模型,缩尺比为1:2.45,旋翼半径为2m。机身为Z-9金属框架加玻璃钢壳体结构的刚性模型,缩尺比为1:3。相应比例的Z-9旋翼模型半径为1.99m,与所用BO-105旋翼模型半径十分接近。试验时,受桨毂下方空间的限制,未安装机身上部的整流罩。

试验是利用8m×6m风洞的直升机旋翼机身组合模型试验台进行的。试验台的测量系统设有旋翼天平、扭矩天平、机身天平、平尾天平及垂尾天平,可分别测量旋翼、机身及尾面的气动力载荷,并可测量机身表面的压力分布。图 6-1 为组合模型在 8m×6m 试验段中。图 6-2 给出了桨毂中心、旋翼天平、机身模型及机身天平的相对位置。

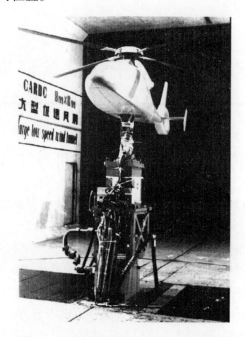

图 6-1 组合模型在 8m×6m 试验段中

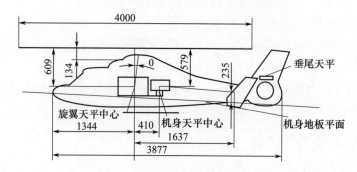

图 6-2 模型及天平的位置关系

6.1.2 试验结果及讨论

本节试验结果由桨毂坐标系(旋翼气动载荷)和机身天平坐标系(机身气动载荷)给出,未进行支架干扰、洞壁干扰及流场品质等项修正。

1. 悬停时旋翼对机身的干扰

图 6-3 给出了悬停状态下,旋翼对机身的部分干扰结果。在悬停状态下,机身处在旋翼强大的下洗尾流之中,在机身上、下表面产生较大的压差,使机身产生较大的法向力(负升力 F_{yf})、俯仰力矩(M_{zf})及偏航力矩(M_{yf})(图 6-3(c))。

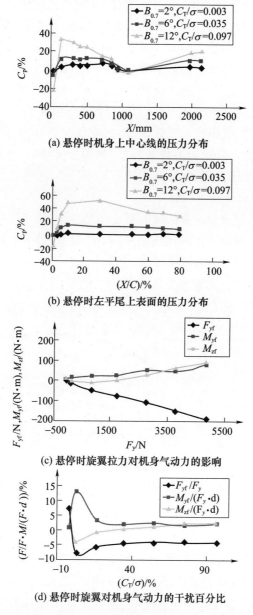

(a) 悬停时机身上中心线的压力分布

(b) 悬停时左平尾上表面的压力分布

(c) 悬停时旋翼拉力对机身气动力的影响

(d) 悬停时旋翼对机身气动力的干扰百分比

图 6-3 旋翼对机身的部分干扰结果(见彩插)

当旋翼拉力为负时,机身模型处于旋翼的上洗流场之中,使机身产生上浮力。随旋翼拉力增加,下洗尾流增强,机身负升力增加,其趋势基本呈线性变化。机身负升力在旋翼小拉力范围内出现的非线性,与桨叶扭转角有关。在旋翼小总距(小拉力)范围内,桨叶气动载荷展向分布不均匀,下洗尾流集中在桨盘中部的下方区域。而机身较宽大的部分(头部)正置此区域内。因此,小总距范围内的负升力贡献主要来自机头,并形成低头力矩,而平尾几乎没有贡献。随旋翼总距增加,下洗流场分布趋于均匀。而平尾正置桨叶主要工作段的下方,遭受强大的下洗尾流的冲击,给机身提供了较大的负升力和抬头力矩。上述分析,可以解释机身俯仰力矩由正变负、再由负变正的趋势。处在右旋旋翼下洗尾流中的机身模型,产生了正的偏航力矩,并具有明显的非线性。

图6-3(d)表明,在小拉力系数时,旋翼对机身负升力、俯仰力矩和偏航力矩的干扰百分比较大。随拉力系数增加,干扰百分比减小,并趋于常值:负升力为4%,俯仰力矩和偏航力矩约为2%。

2. 悬停时机身对旋翼的影响

试验结果表明,机身对旋翼的影响很小,对桨叶载荷、桨毂力矩基本无影响,但由于机身的存在,对旋翼下洗尾流有一定的"阻塞"作用,所以机身对旋翼略有"地效"。图6-4给出了主要的影响结果。显然,"地效"作用使旋翼悬停功率略有减小,旋翼最大气动效率提高约1%。

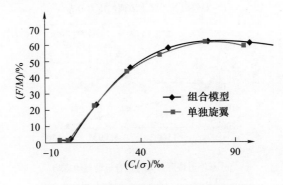

图6-4 机身对旋翼悬停气动效率的影响

3. 前飞时旋翼对机身的影响

图6-5给出了等拉力系数配平前飞状态下旋翼对机身的影响结果。从图6-5(a)、(b)可以看出,旋翼对机身后向力系数(CF_{xf})和滚转力矩系数(CM_{xf})影响很小,对其余各系数影响的基本规律是:随前进比增大,旋翼下洗尾流的影响逐渐减小。这是随前进比增大,旋翼下洗尾流逐渐向上飘离机身造成的。旋翼对机身及平尾压力干扰增量随前进比增大而变小的趋势(图6-5(c)、 (d))与测力结果是一致的。图6-5(e)给出了相对于旋翼拉力和桨盘直径的干扰百分比。其横坐标 V/V_h 为相对速度比,表征旋翼下洗尾流的位置,类似于经典理论中的尾流偏斜角。这种表示法的优点在于明显地将干扰百分比表示为下洗尾流位置的函数。从图中可以看出,各干扰百分比对下洗尾流的位置十分敏感。由于前飞时下洗尾流的向后偏斜,机身法向力增量百分比比悬停时小,最大为2.4%。其余各干扰百分比与悬停时的量级相当。值得指出的是,悬停时机身无侧向干扰力;而在前飞状态下,下洗尾流使机身两侧流场不对称,从而产生了可观的侧向力干扰量。对于机身的偏航力矩,悬停时涵道框架和垂尾基本上无贡献;而在前飞状态下,下洗尾流明显向后偏斜而涉及涵道框架和垂尾,从而对机身偏航力矩产生了贡献。图6-5(e)中偏航力矩干扰百分比曲线随相对速度比增加而出现的"马鞍"形状,就是下洗尾流逐渐向后偏斜而形成的。单独机身的侧向力和偏航力矩为负值,这是侧垂尾和垂尾的安装角所致。

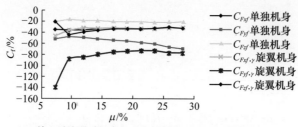

(a) 前飞时旋翼对机身气动力的影响 (C_t=0.004846)

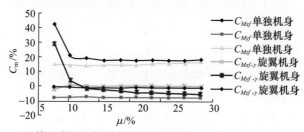

(b) 前飞时旋翼对机身气动力矩的影响 (C_t=0.004846)

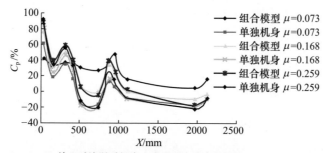

(c) 前飞时旋翼对机身上表面压力分布的影响

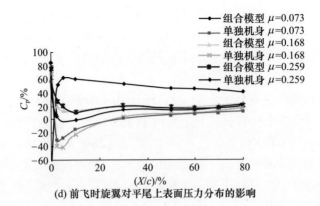

(d) 前飞时旋翼对平尾上表面压力分布的影响

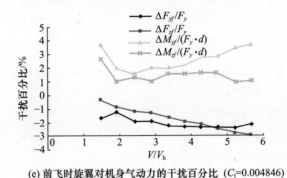

(e) 前飞时旋翼对机身气动力的干扰百分比 (C_t=0.004846)

图 6-5 等拉力系数配平前飞状态下旋翼对机身的影响结果(见彩插)

4. 前飞时机身对旋翼的影响

图 6-6 给出了在等拉力系数配平前飞条件下机身对旋翼的影响结果。总的来说,与悬停状态相类似,机身对旋翼的影响不大。在前飞状态下,旋翼桨盘前后处在机身的上洗流场之中,对旋翼尾流有阻碍作用。因此,在等拉力系数配平前飞时,机身的存在使旋翼总距操纵量减小,平均约为 0.4°,其余各操纵角的影响很小(图 6-6(b))。有机身时,旋翼的需用功率略有下降,平均减小约 1.3%(图 6-6(a))。图中还给出了悬停(μ=0)状态下的结果。

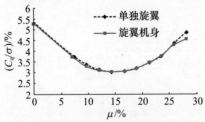

(a) 机身对旋翼前飞需用功率的影响 (C_t=0.004846)

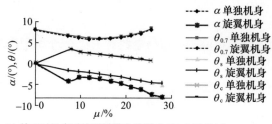

(b) 前飞时机身对旋翼操纵角的影响 (C_t=0.004846)

图 6-6 在等拉力系数配平前飞条件下机身对旋翼的影响结果(见彩插)

6.1.3 结论

对于试验所用模型的气动布局,可以得出以下结论:

(1) 在悬停状态下,旋翼的下洗尾流使机身产生负升力、俯仰力矩和偏航力矩,而对机身后向力、侧向力、滚转力矩影响很小;负升力、偏航力矩、俯仰力矩的干扰百分比随拉力增大而减小,并趋于常值;机身的存在对旋翼的影响很小,使旋翼的最大气动效率提高约1%。

(2) 在等拉力系数配平前飞条件下,旋翼的下洗尾流对机身的法向力、侧向力、偏航力矩和俯仰力矩有一定影响;随前进比增加,其影响(无量纲系数)逐渐减小;下洗尾流引起的机身法向力增量百分比最大为2.4%;机身的存在使总距操纵量平均减小约0.4°,前飞需用功率平均减小约1.3%。

(3) 根据 CARDC 8m×6m 风洞直升机旋翼机身组合模型试验台的现有条件,可在较大的空间范围内进行旋翼/机身相互位置参数的选择,进行悬停和前飞状态下的测力、测压和流态试验,研究旋翼/机身之间的气动力干扰。

6.2 直升机各部件间气动干扰特性试验研究

直升机总体气动布局设计是影响与制约直升机研发技术水平和能力提高的重要因素,而直升机的气动干扰是直升机的气动布局设计面临的基础技术难题,如何化解直升机的气动干扰引起的负面作用一直是直升机气动布局关注的。国外著名直升机公司和研究机构长期以来投入大量的人力、物力和财力对直升机气动干扰问题进行了系统的基础理论和试验验证研究,形成了各具特色的气动布局技术,使直升机的综合性能得到了显著提高。而我国在直升机气动布局领域还缺乏全面深入的研究,尚未完全掌握直升机气动干扰现象中的流动机理,也缺乏有效的预测直升机气动干扰的理论分析方法,更没有足够的气动干扰试验数据可直接用于直升机气动布局设计,严重制约了我国直升机的自主设计能力。

本节通过风洞试验,获得气动布局参数对干扰气动力的影响规律,为提升我国直升机的自主研发能力、攻克直升机气动布局中的气动干扰问题、掌握先进气动布局设计分析手段提供试验依据。

6.2.1 试验情况

1. 试验模型及设备

旋翼模型为某型直升机全动力相似复合材料模型,旋翼半径为2m。机身模型为某型直升机机身模型,设计了可改变平尾安装位置的机构和可改变短翼安装位置的机构,并设计加工了3种布局的平尾。机身模型可实现6种平尾布局和3种短翼布局参数的变化,满足了布局参数变化试验的要求。另外,为改变旋翼与机身模型的间距,新设计加工了2个长度的旋翼轴,以实现旋翼与机身间距增加50mm和100mm的布局。

试验是利用8m×6m风洞旋翼机身尾桨组合模型试验台进行的。

2. 试验内容

试验内容包括单独机身模型试验、单独旋翼模型试验、单独尾桨试验、旋翼/机身组合模型试验、机身/尾桨组合试验、旋翼/机身/尾桨组合试验。分别测量在不同来流条件下的旋翼、机身、尾桨、平尾的气动力。旋翼上半位及上位是指基准高度往上调50mm和100mm。

6.2.2 试验结果及讨论

(1) 通过旋翼/机身组合模型地面悬停试验,获得了旋翼对机身、平尾及短翼的气动干扰结果。

试验采用机身天平测量机身的气动力和力矩(包括短翼、平尾和垂尾),用两台平尾天平分别测量左右平尾的气动力,短翼的气动力通过比较有无短翼的机身气动力获得。

悬停试验包括单独旋翼模型和旋翼/机身组合模型的变总距试验。调整的布局参数包括平尾位置(基准、前移、后移、高置)、构型(基准、大展弦比平尾、小展弦比平尾)、短翼位置(基准、前移、后移)。图6-7~图6-9给出了典型的试验结果。

图6-7比较了平尾位置对机身和平尾气动力的影响。从图中可以看到,平尾前移435mm的位置对机身气动力的影响较大,使机身增重增加了1.6%,并产生了较大的抬头力矩。

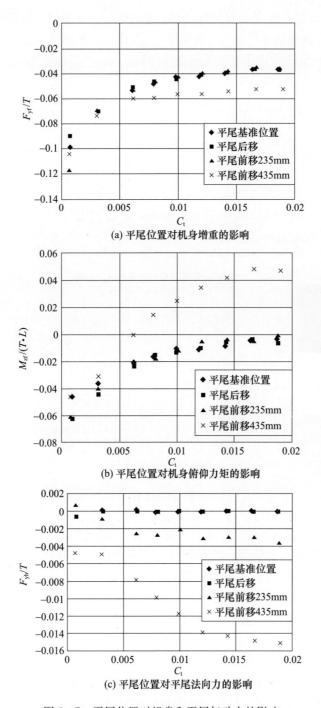

图 6-7 平尾位置对机身和平尾气动力的影响

图6-8比较了短翼位置对机身气动力的影响。从图中可以看到,短翼前后移30mm的位置对机身气动力的影响不大;对比无短翼的结果发现,短翼使机身增重增加了1.5%,并产生了较大的低头力矩。

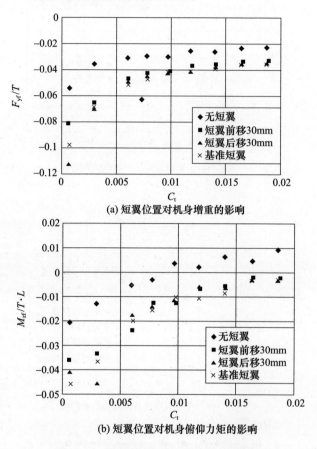

图6-8 短翼位置对机身气动力的影响

图6-9比较了安装在前移435mm位置处的不同展弦比平尾的气动力。由于平尾面积保持不变,旋翼尾流作用在平尾上产生的气动力差别不大。

(2)通过单独机身风洞试验,获得了变平尾、垂尾、短翼布局对单独机身气动特性的影响规律。低风速前飞试验在12m×16m试验段开展,16m/s以上风速在8m×6m试验段开展。

图6-10为改变平尾位置布局下的第一试验段低风速试验结果。图中第一试验段结果标注为如平尾11、平尾12、平尾13等,第二试验段结果未标注,如平尾1、平尾2、平尾3、平尾4等。由图可见:风速大于8m/s时,高置平尾布局的机身升力最大,前移最前布局的机身升力最小;前移最前布局的平尾法向力最

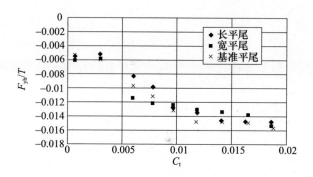

图 6-9 不同平尾构型的法向力

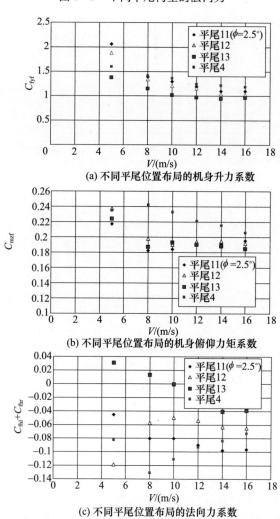

(a) 不同平尾位置布局的机身升力系数

(b) 不同平尾位置布局的机身俯仰力矩系数

(c) 不同平尾位置布局的法向力系数

图 6-10 改变平尾位置布局下的第一试验段低风速试验结果

大,方向向上;高平尾布局的机身阻力、机身俯仰力矩大于其他布局。

图 6-11 为高平尾布局和基准平尾布局的第二试验段高风速试验结果。由图可见:20m/s 风速以上,高平尾布局的机身升力和平尾法向力大于基准平尾布局;基准平尾布局的机身俯仰力矩大于高平尾布局。

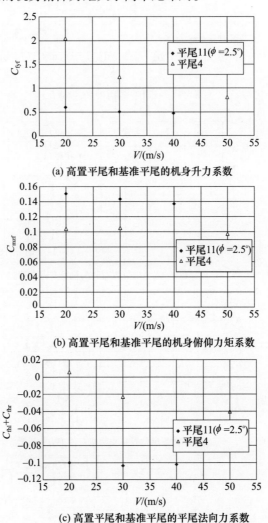

(a) 高置平尾和基准平尾的机身升力系数

(b) 高置平尾和基准平尾的机身俯仰力矩系数

(c) 高置平尾和基准平尾的平尾法向力系数

图 6-11　高平尾布局和基准平尾布局的第二试验段高风速试验结果

图 6-12 为变平尾形状及无平尾布局的第一试验段低风速试验结果。由图可见:无平尾布局的机身升力最大、机身俯仰力矩最小;风速大于 8m/s 时,基准布局的平尾法向力最大,展长较长平尾的平尾法向力最小,各平尾的法向力方向均为负;在有平尾布局中,基准平尾布局的机身俯仰力矩最小。

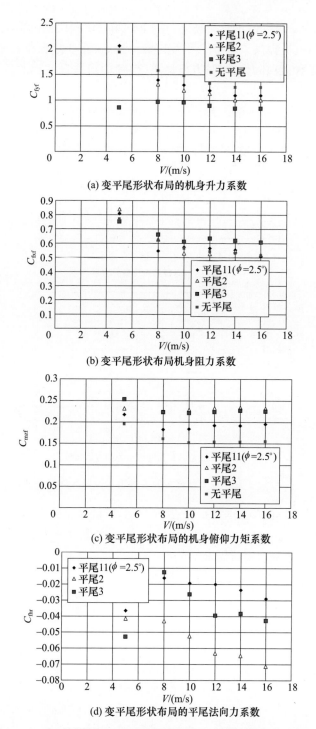

图 6-12 变平尾形状及无平尾布局的第一试验段低风速试验结果

图 6-13 为变短翼位置及无短翼布局下的第一试验段低风速试验结果。由图可见：短翼为机身提供了显著的升力和抬头力矩；在变短翼位置布局中，基准短翼布局产生的机身升力和俯仰力矩最小，短翼前移布局产生的机身升力和俯仰力矩最大。

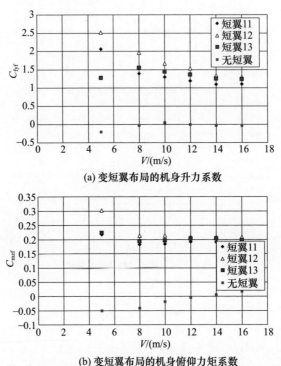

(a) 变短翼布局的机身升力系数

(b) 变短翼布局的机身俯仰力矩系数

图 6-13　变短翼位置及无短翼布局下的第一试验段低风速试验结果

图 6-14 为有垂尾及无垂尾布局的第一试验段低风速试验结果。风速 >8m/s 时，无垂尾布局的机身侧力、偏航力矩、俯仰力矩、滚转力矩相对较大；无垂尾布局的机身阻力小于有垂尾布局。

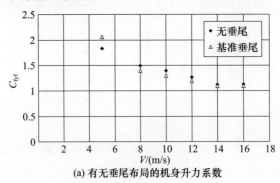

(a) 有无垂尾布局的机身升力系数

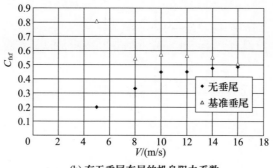

(b) 有无垂尾布局的机身阻力系数

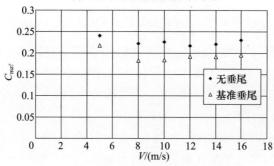

(c) 有无垂尾布局的机身俯仰力矩系数

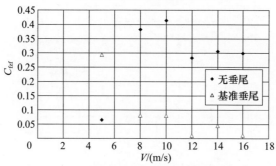

(d) 有无垂尾布局的机身侧向力系数

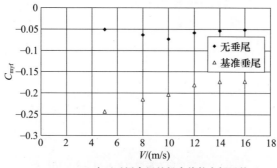

(e) 有无垂尾布局的机身偏航力矩系数

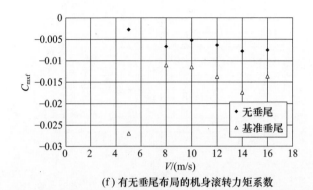

(f) 有无垂尾布局的机身滚转力矩系数

图 6-14 有垂尾及无垂尾布局的第一试验段低风速试验结果

（3）通过旋翼/机身组合模型风洞试验，获得了在旋翼尾流情况下变旋翼垂向力系数、变平尾位置及形状、有无垂尾、变短翼位置、变旋翼/机身间距等布局参数对直升机气动特性的影响规律。低风速前飞试验在 12m×16m 试验段开展，16m/s 以上风速在 8m×6m 试验段开展。

图 6-15 为基准布局垂向力系数 C_w 为 0.0132、0.014、0.015 下的第一试验段和第二试验段机身及平尾气动力、气动力矩系数与单独机身状态的对比。旋

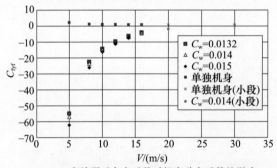

(a) 变旋翼垂向力系数对机身升力系数的影响

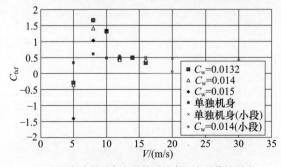

(b) 变旋翼垂向力系数对机身阻力系数的影响

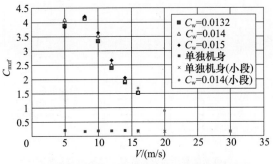

(c) 变旋翼垂向力系数对机身俯仰力矩系数的影响

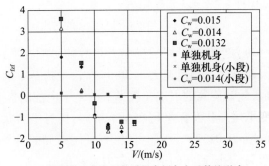

(d) 变旋翼垂向力系数对机身侧向力系数的影响

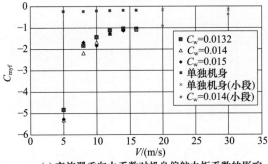

(e) 变旋翼垂向力系数对机身偏航力矩系数的影响

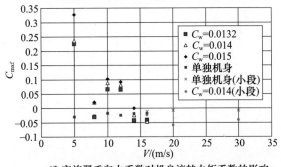

(f) 变旋翼垂向力系数对机身滚转力矩系数的影响

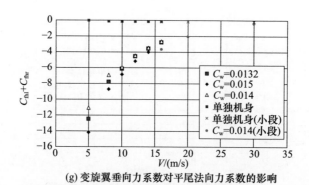

(g) 变旋翼垂向力系数对平尾法向力系数的影响

图 6-15 基准布局三个垂力系数下的第一、第二试验段机身及平尾气动力、气动力矩系数与单独机身状态的对比

翼对机身的各个气动力系数和平尾的法向力系数的影响在低速时较大,且随着旋翼垂向力的增大而增大。当风速大于 30m/s 时,干扰基本消失。在 5m/s 时,机身的阻力为负值,此时旋翼的下洗在机身上产生了向前的推力。

图 6-16 为变平尾形状及无平尾布局下旋翼/机身组合状态第一试验段的低风速试验结果(C_w = 0.0132)。由图可见:有平尾布局的机身增重和俯仰力矩大于显著无平尾布局;不同形状的平尾法向力系数稍有差别,宽平尾的增重大于基准平尾和长平尾;宽平尾布局的机身增重和俯仰力矩略大。

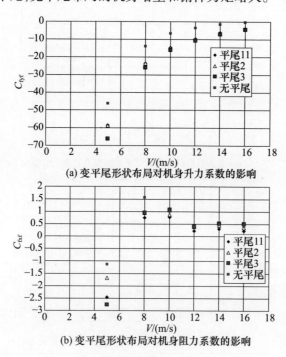

(a) 变平尾形状布局对机身升力系数的影响

(b) 变平尾形状布局对机身阻力系数的影响

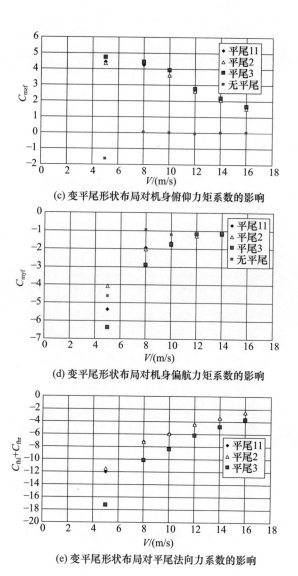

(c) 变平尾形状布局对机身俯仰力矩系数的影响

(d) 变平尾形状布局对机身偏航力矩系数的影响

(e) 变平尾形状布局对平尾法向力系数的影响

图 6-16　变平尾形状及无平尾布局下旋翼/机身组合
状态第一试验段的低风速试验结果

　　图 6-17 为变平尾安装角为 -2.5°、0°、2.5°布局下旋翼/机身组合状态第一试验段的低风速试验结果（$C_w = 0.0132$）。由图可见：平尾安装角变化对平尾法向力和机身增重影响不大，对机身阻力有明显影响，基准平尾的 -2.5°安装角布局的机身阻力最大，2.5°平尾安装角布局的机身阻力最小。8m/s 以上风速时，2.5°平尾安装角布局的机身俯仰力矩略小。

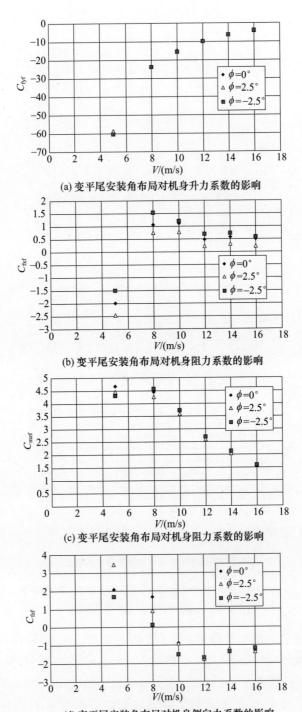

(a) 变平尾安装角布局对机身升力系数的影响

(b) 变平尾安装角布局对机身阻力系数的影响

(c) 变平尾安装角布局对机身阻力系数的影响

(d) 变平尾安装角布局对机身侧向力系数的影响

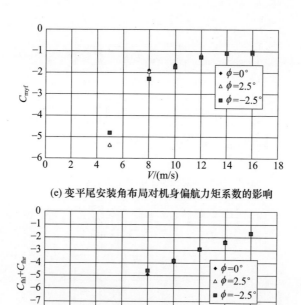

(e) 变平尾安装角布局对机身偏航力矩系数的影响

(f) 变平尾安装角布局对平尾法向力系数的影响

图 6-17　变平尾安装角布局下旋翼/机身组合状态第一试验段的低风速试验结果

图 6-18 为变平尾位置布局的旋翼/机身组合状态第一试验段低风速试验结果（$C_w=0.0132$）。由图可见：在低风速试验范围内，高平尾由于处于旋翼尾流范围外，受到的增重干扰最小；高平尾布局的平尾法向力、机身升力最大，机身俯仰力矩最小；风速 8m/s 以下时，基准布局的平尾增重、机身增重、机身俯仰力矩小于平尾前移布局；随着风速增加，各平尾位置布局的平尾增重和机身增重以及机身俯仰力矩差别减小。

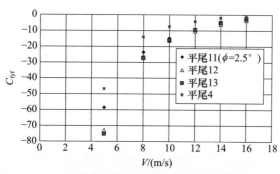

(a) 变平尾位置布局对机身升力系数的影响

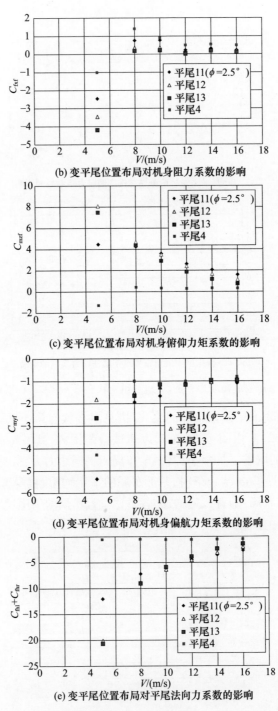

图 6-18 变平尾位置布局的旋翼/机身组合状态第一试验段的低风速试验结果

图 6-19 为高置平尾和基准平尾布局下旋翼/机身组合状态第二试验段的高风速试验结果（$C_w = 0.0132$）。由图可见：20m/s 风速时，高置平尾布局的平尾增重和机身增重小于基准平尾布局；随着风速增加到 30m/s 及 40m/s 时，旋翼尾流上移，高置平尾布局的平尾增重、机身增重、俯仰力矩大于基准平尾布局。

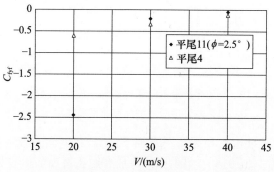

(a) 高置平尾与基准平尾布局的机身升力系数对比

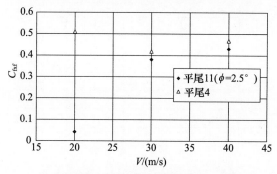

(b) 高置平尾与基准平尾布局的机身阻力系数对比

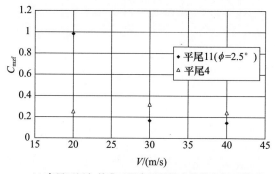

(c) 高置平尾与基准平尾布局的机身俯仰力矩系数对比

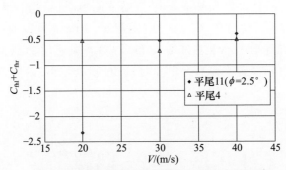

(d) 高置平尾与基准平尾布局的平尾法向力系数对比

图 6-19　高置平尾和基准平尾布局下旋翼/机身组合状态
第二试验阶段的高风速试验结果

图 6-20 为基准短翼和无短翼布局下旋翼/机身组合状态第一试验段的低风速试验结果($C_w=0.015$)。由图可见：基准短翼布局的机身增重、机身俯仰力矩显著大于无短翼布局。

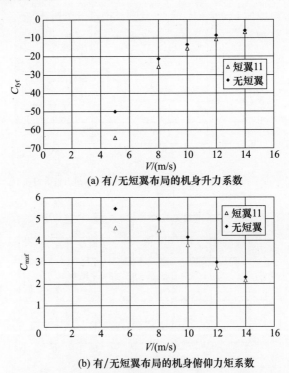

(a) 有/无短翼布局的机身升力系数

(b) 有/无短翼布局的机身俯仰力矩系数

图 6-20　基准短翼和无短翼布局下机翼/机身组合状态
第一试验段的低风速试验结果

图 6-21 为有/无垂尾布局下旋翼/机身组合状态第一试验段的低风速试验结果（$C_w = 0.0132$）。由图可见：有/无垂尾布局的机身升力、机身阻力差别不大，主要差别在机身侧力和偏航力矩、滚转力矩；无垂尾布局的机身侧力、偏航力矩、俯仰力矩大于有垂尾。

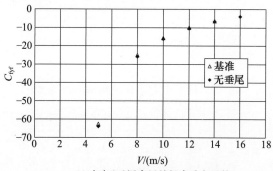

(a) 有/无垂尾布局的机身升力系数

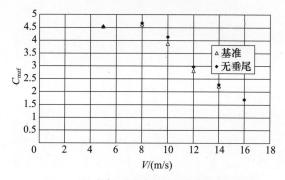

(b) 有/无垂尾布局的机身俯仰力矩系数

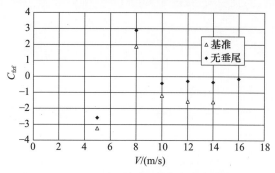

(c) 有/无垂尾布局的机身侧向力系数

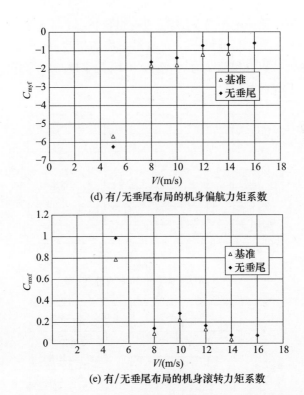

(d) 有/无垂尾布局的机身偏航力矩系数

(e) 有/无垂尾布局的机身滚转力矩系数

图 6-21　有/无垂尾布局下旋翼/机身组合状态第一试验段的低风速试验结果

图 6-22 为改变旋翼机身间距布局下旋翼/机身组合状态第一试验段的试验结果（$C_w = 0.0132$）。由图可见：改变旋翼高度对机身及平尾的气动力和气动力矩影响在 5m/s 和 8m/s 风速范围下，随着旋翼高度增加，平尾增重、机身增重和机身俯仰力矩增加；风速至 12m/s 及以上时，旋翼高度对机身及平尾气动载荷影响不大。

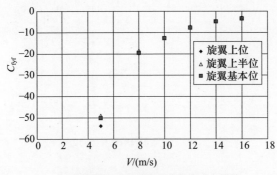

(a) 变旋翼/机身间距布局的机身升力系数

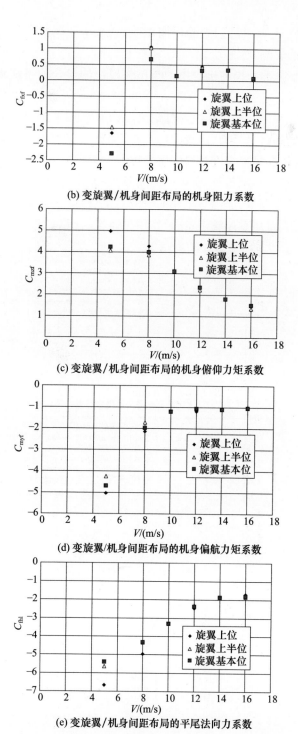

图 6-22 改变旋翼机身间距布局下旋翼/机身组合状态第一试验阶段的试验结果

（4）通过机身/尾桨组合模型风洞试验，获得了变尾桨高度、变尾桨桨距对机身气动特性的影响规律。

图 6-23 是基准布局的机身模型与尾桨模型的组合前飞试验结果，尾桨高度为基准和下位，尾桨桨距为 5°、9°、13°，旋翼轴倾角为 0°。由图可见：改变尾桨相对机身高度和尾桨桨距对机身气动力、气动力矩、平尾法向力均有影响；基准尾桨高度布局的机身升力、机身俯仰力矩、平尾法向力大于尾桨下位布局；相同尾桨桨距下，基准尾桨高度布局的尾桨拉力大于尾桨下位布局，原因是尾桨下位布局时，尾桨距离垂尾越近，受到的阻塞越大；基准尾桨高度布局的机身侧力小于尾桨下位高度布局，原因是尾桨的滑流对机身垂尾有"吸力"作用从而增加机身的侧力，尾桨距离垂尾越近，这种作用越强烈。

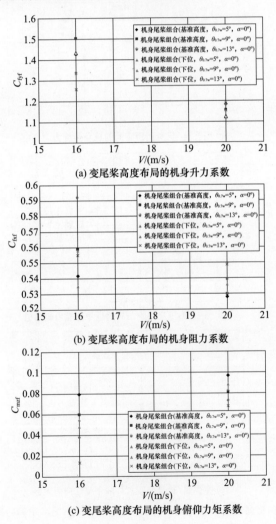

(a) 变尾桨高度布局的机身升力系数

(b) 变尾桨高度布局的机身阻力系数

(c) 变尾桨高度布局的机身俯仰力矩系数

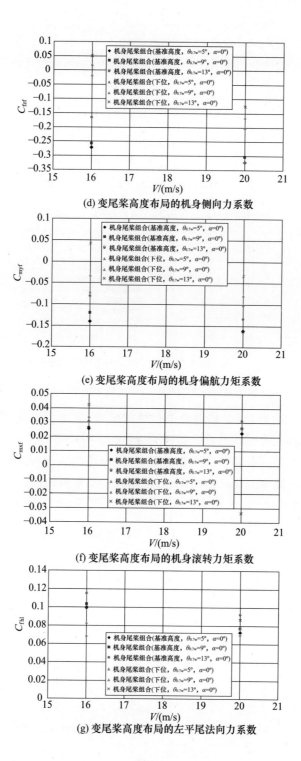

(d) 变尾桨高度布局的机身侧向力系数

(e) 变尾桨高度布局的机身偏航力矩系数

(f) 变尾桨高度布局的机身滚转力矩系数

(g) 变尾桨高度布局的左平尾法向力系数

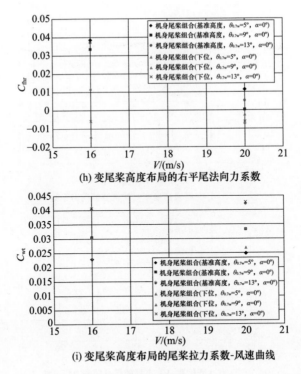

(h) 变尾桨高度布局的右平尾法向力系数

(i) 变尾桨高度布局的尾桨拉力系数-风速曲线

图 6-23 基准布局的机身模型与尾桨模型的组合前飞试验结果

(5) 通过旋翼/机身/尾桨组合模型风洞试验,获得了旋翼/机身/尾桨组合状态下,有无垂尾、平尾布局对机身气动特性的影响规律。

图 6-24 为基准布局机身模型的旋翼/机身组合状态和旋翼/机身/尾桨模型组合状态试验结果对比。由图可见:尾桨减小了旋翼尾流对机身和平尾的增重,减小了机身的阻力、俯仰力矩;尾桨增加了机身的侧力、偏航力矩及滚转力矩。

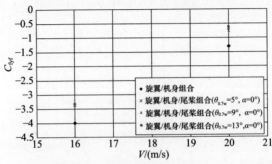

(a) 旋翼/机身组合与旋翼/机身/尾桨组合机身升力系数比较

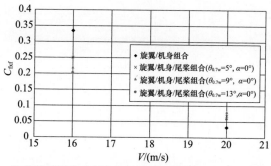

(b) 旋翼/机身组合与旋翼/机身/尾桨组合机身阻力系数比较

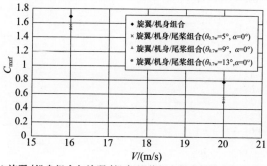

(c) 旋翼/机身组合与旋翼/机身/尾桨组合机身俯仰力矩系数比较

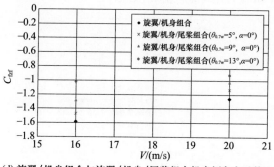

(d) 旋翼/机身组合与旋翼/机身/尾桨组合机身侧向力系数比较

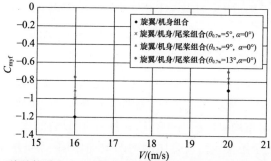

(e) 旋翼/机身组合与旋翼/机身/尾桨组合机身偏航力矩系数比较

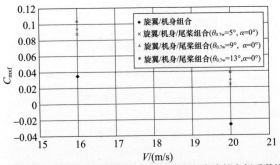

(f) 旋翼/机身组合与旋翼/机身/尾桨组合机身滚转力矩系数比较

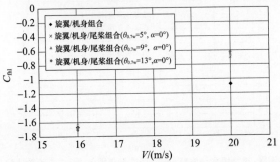

(g) 旋翼/机身组合与旋翼/机身/尾桨组合左平尾法向力系数比较

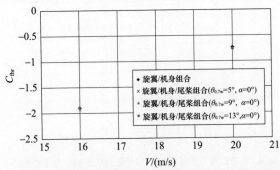

(h) 旋翼/机身组合与旋翼/机身/尾桨组合右平尾法向力系数比较

图 6-24　基准布局机身模型的旋翼/机身组合状态和旋翼/机身/
尾桨模型组合状态试验结果对比

　　图 6-25 为基准布局机身模型和无平尾、无垂尾布局的旋翼/机身/尾桨模型组合状态试验结果对比。由图可见：无平尾垂尾布局的机身增重、俯仰力矩显著减小；无平尾垂尾布局机身侧力相对基准布局机身增加，说明旋翼尾流对垂尾侧力的减小作用大于尾桨尾流对垂尾侧力的增加作用；无垂尾平尾布局的机身偏航力矩显著增加。

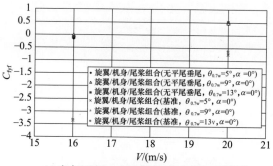

(a) 有/无垂尾、平尾布局的机身升力系数比较

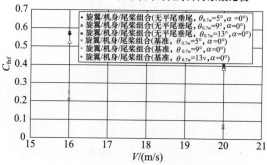

(b) 有/无垂尾、平尾布局的机身阻力系数比较

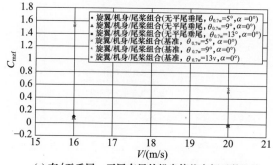

(c) 有/无垂尾、平尾布局的机身俯仰力矩系数比较

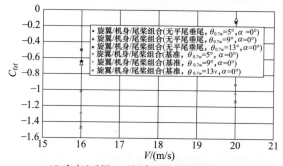

(d) 有/无垂尾、平尾布局的机身侧向力系数比较

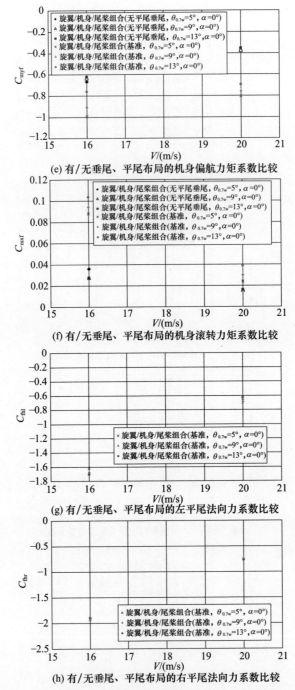

图 6-25 基准布局机身模型和无平尾、无垂尾布局的旋翼/机身/尾桨模型组合状态试验结果对比

6.2.3 结论

对于本期试验,可以得出以下结论:

(1) 获得的试验数据,较系统地反映了单旋翼带尾桨构型直升机的平尾位置、平尾安装角、平尾形状、短翼位置、旋翼/机身间距、尾桨相对机身高度等布局参数对气动干扰特性的影响规律,为深入研究气动干扰特性提供了比较全面、系统的试验数据。

(2) 获得了各种飞行条件下,不同布局参数对直升机气动干扰特性的影响规律。试验结果表明:改变平尾位置对机身增重和俯仰力矩有显著影响,在悬停及低速前飞状态,机身增重和俯仰力矩随平尾前移而增大;高速前飞状态高平尾布局受到的气动干扰影响较大;平尾安装角在($-2.5°$、$0°$、$2.5°$)范围内改变对机身增重及俯仰力矩影响不大,对机身阻力有明显影响;改变平尾展弦比影响了机身升力和俯仰力矩,展弦比小的平尾布局机身增重和俯仰力矩稍大;短翼提供了较大的机身增重和低头力矩,基准位置短翼产生的增重最大;垂尾提供了和旋翼旋向相同的侧力和偏航力矩;尾桨的尾流增加了机身的侧力;在距离机身较高的高度位置及无垂尾布局中,尾桨在相同总距下产生的拉力增加;旋翼/机身间距小幅增加(($1.25\% \sim 2.5\%$)旋翼直径)导致机身增重增加;旋翼垂向力增加导致旋翼对机身气动干扰作用增大;随前飞速度的增加,旋翼对机身的气动干扰影响减小。

6.3 发展趋势分析

直升机气动干扰特性是影响旋翼飞行器性能、飞行品质、振动等特征的重要因素,对于气动干扰特性的认识是推动直升机总体设计技术发展的基础。传统式、复合式、倾转式是当前直升机的三种主要气动布局形式,对于直升机气动干扰特性的研究也主要集中在这三种布局上开展,侧重于旋翼气动特性、各部件之间的气动干扰等。开展直升机气动干扰特性的研究,获取各布局形式的旋翼总体气动特性及动态气动载荷,可以达到设计优化提高直升机气动性能的目的。

通过上述介绍,目前我们已具备常规构型旋翼/机身/尾桨气动特性和气动干扰研究能力,但风洞试验和数值模拟之间的对比分析较少,尚无高置信度气动干扰模型,尚未掌握气动干扰对直升机性能等的影响规律,共轴刚性旋翼气动干扰试验开展较少,倾转旋翼气动干扰试验基本没有开展。

下一步,可开展的主要研究工作包括:直升机多旋翼干扰特性以及旋翼/机身/尾桨多体干扰特性试验研究,武器发射安全分离问题研究,完善常规直升机旋翼/机身/尾桨气动干扰测试技术,发展共轴及倾转旋翼气动干扰测试技术;共轴刚性旋翼直升机气动特性研究,包括共轴刚性旋翼桨毂减阻及外形优化问题研究和共轴刚性旋翼流动机理及气动干扰特性研究;倾转旋翼飞行器气动问题研究,包括倾转旋翼/机翼气动干扰问题研究、倾转旋翼气动布局研究及流动控制技术研究等。

第7章
旋翼桨叶的铰链力矩试验研究

7.1 研究目的和意义

直升机旋翼桨叶的铰链力矩是指作用在桨叶上的载荷对桨叶变距轴线构成的力矩。它对桨叶的变距摇臂产生弯矩,并通过变距摇臂对自动倾斜器的变距拉杆形成轴向力,该力作用在自动倾斜器上,使其承受相应的力和力矩,再通过与自动倾斜器相连的部件,把该力传给相应的操纵机构和机身。由于构成铰链力矩的一部分是旋翼桨叶的气动载荷,该载荷在直升机前飞时,因气动环境的不对称而周期性交替变化。这种交替变化的载荷,一方面引起桨叶形变的周期性变化,造成与形变有关的力和铰链力矩也与之交替变化;另一方面以铰链力矩的形式直接传给机身,造成直升机的振动。因此,铰链力矩是直升机的主要振源之一。并且,过大的交变铰链力矩会引起驾驶杆抖动并造成直升机非常规振动,严重时可导致飞机失控。因此,铰链力矩不仅直接关联着直升机的振动水平、噪声,而且对直升机的关键部件之一——小拉杆的强度设计,以及改善直升机的操纵环境和飞行安全等,具有重要意义。

研究直升机的铰链力矩,首先需要弄清它的产生根源。一般来说,旋翼桨叶铰链力矩与下列因素有关:一是作用在桨叶上的气动载荷;二是桨叶变形引起作用于其上的弹性力;三是桨叶运动时作用于其上的,如重力、离心力、摩擦力等形成的力矩。其中尤以桨叶上的气动载荷分布对桨叶交变力矩的影响最大。这是因为直升机前飞时,前行桨叶和后行桨叶的气动环境不对称,使得桨叶在不同半径位置,位于不同方位时的相对来流速度各不相同,这种不同造成作用于桨叶上的升力随半径和方位而发生周期性变化,导致桨叶的周期性挥舞,且因挥舞进一步引起周期性摆振,最终导致铰链力矩的周期性变化。并且,作用于桨叶上的气动载荷,使桨叶本身发生周期性形变,这种形变也是形成周期性桨叶铰链力矩的主要因素。

从以上分析可以看出,桨叶铰链力矩的最大特点是它的周期性变化。此外,从飞行试验发现,当直升机高速前飞时,作用于桨叶上的交变铰链力矩幅值相当大,这是理论与试验结果存在较大差距的地方。究其原因,可能是随着直升机前飞速度的增加,前行桨叶一侧出现激波,而后行桨叶进入动态失速状态。激波的出现将使前行桨叶的阻力和俯仰力矩发生突变,引起铰链力矩的较大变化。而动态失速会使气动力矩系数产生剧烈的变化。当桨叶旋转过程中进入和转出失速区域时,其俯仰力矩发生很大变化,这种变化一方面直接引起桨叶铰链力矩的相应变化,另一方面会引起桨叶的变形加剧,而变形产生的弹性力反过来又作用在桨叶上,使其载荷分布发生进一步变化,结果还是导致桨叶铰链力矩的剧烈变化。这些变化最终导致铰链力矩的幅值变化很大。

7.2 桨叶铰链力矩分析

旋翼桨叶铰链力矩示意图如图7-1所示。在无操纵和铰链力矩为零时,连接变距拉杆与桨叶之间的变距摇臂不受力或力矩;在有操纵的情况下,自动倾斜器带动变距拉杆向上或向下运动,变距拉杆通过变距摇臂,给桨叶提供一个绕变距轴线的力矩,使桨叶的迎角发生变化。因此,操纵会引起桨叶铰链力矩的变化;反过来,当桨叶铰链力矩不为零时,会通过变距摇臂,对自动倾斜器上的变距拉杆施加轴向力,该力直接作用于自动倾斜器,并通过与其相连的部件传递到整个机身。因此,该力矩的性质特征将会影响整个飞机的某些特征。

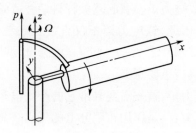

图7-1 旋翼桨叶铰链力矩示意图

7.2.1 构成桨叶铰链力矩的基本元素

根据铰链力矩的定义,研究旋翼桨叶的铰链力矩,必须首先弄清作用于桨叶上的各种载荷及其分布,然后求出各种载荷对变距轴线的力矩。如前所述,当直升机前飞时,作用在旋翼桨叶上的力有气动载荷(包括升力、阻力等)、惯性力

(如重力、离心力、科里奥利力等)、桨叶变形引起的弹性力以及与桨叶相连处的支反力、摩擦力等。在这些力中,与桨叶相连处的支反力的作用线一般通过桨叶的变距轴线,对铰链力矩无贡献;桨叶的重力和离心力,可以通过桨叶的设计,使其重心或质心位于或接近于桨叶上的变距轴线,使其不产生或产生很小的铰链力矩,因而对铰链力矩的贡献不大;作用于桨叶上的气动载荷是随着直升机的飞行状态而变化的。在直升机前飞过程中,由于前行桨叶和后行桨叶的气动环境不对称,造成旋翼桨叶的挥舞、摆振、扭转、变形等运动,使得本已复杂的气动环境更加复杂,所以作用在桨叶上的气动载荷,不仅随飞行速度、方向的变化而变化,还因桨叶的半径位置及其方位的不同而不同。因此,桨叶在运动过程中,作用在其上的气动载荷分布一直在发生变化,这些变化的载荷对变距轴线的力矩一般不为零,并且具有周期性变化的特征。这些周期性变化的铰链力矩是引起直升机振动的基本原因之一。从飞行试验测到的结果表明,直升机在中等速度飞行时,旋翼铰链力矩不大;而在高速飞行时,试验结果与气动载荷铰链力矩的理论分析存在较大差距。这说明,直升机在高速飞行时,除了气动载荷产生的铰链力矩外,一定还有其他力形成的铰链力矩。这些力矩就是桨叶形变而产生的附加铰链力矩。

7.2.2 研究桨叶铰链力矩的理论模型

正确估算旋翼桨叶的铰链力矩,首先建立正确的数学模型,它不仅包括能正确反映直升机高速飞行时的气流分离、动态失速等一些非定常非线性气动现象的气动模型,还包括反映桨叶在诸多载荷作用下的变形,以及因变形而带来的气弹响应和稳定性问题的结构动力学模型。这是非常困难的。

在气动模型方面,能较好地反映旋翼非定常气动环境的是旋翼涡流理论,特别是自由尾迹涡流理论。但其数学描述复杂,不适合实际的工程应用。为此,Leishman 和 Beddoes 等在做了大量试验的基础上总结了一套用一组指数响应函数来表示翼型气动力响应的半经验公式,能较好地反映旋翼桨叶的气流分离、动态失速等非定常非线性气动现象。

在结构动力学方面,Ormiston 和 Hodges 把桨叶简化成一个根部带弹簧约束的刚性梁,能够描述简单的铰接式桨叶。Houbolt 和 Brooks 建立了无铰式和无轴承式旋翼桨叶模型,适合于桨叶的弹性变形运动。Hodges 和 Dowell 还对上述模型增加了结构非线性的修正。随着各向异性的复合材料广泛应用于旋翼桨叶的研制和生产,Chopra 等建立发展了复合材料桨叶模型。这些模型的建立与发展,为直升机旋翼的动力学气弹稳定性分析以及正确预估旋翼桨叶铰链力矩提供了理论基础。

7.3 铰链力矩的数学解析

取桨叶上径向位置为 r、宽度为 dr 的桨叶微段，设其弦长为 C。假设桨叶的气动载荷作用于 1/4 弦线处，未变形时与桨叶的变距轴线重合，剖面质心距 1/4 弦线点的距离为 e_g，则此微段的铰链力矩由以下五部分构成。

1. 气动载荷形成的铰链力矩

假设气动升力、阻力作用于 1/4 弦线点，在桨叶未变形时不构成铰链力矩，只有翼型剖面的气动力矩构成铰链力矩，桨叶微段的气动力矩可用下式计算：

$$dM_Q = \frac{1}{2}\rho V^2 C^2 C_m dr \tag{7-1}$$

式中：ρ 为空气密度；V 为桨叶剖面的来流速度；C_m 为气动力矩系数。

在气流分离前，用一组指数函数计算非定常的气动力矩系数，气流分离后，由于环量损失产生了非线性，此计算方法需修正，当产生深度失速后，气动力矩会产生很大的变化，这时需计及涡的影响。

2. 离心力形成的铰链力矩

由离心力引起的使桨叶恢复小变形状态的力矩，习惯上称为离心力回复力矩。当桨叶有挥舞和摆振运动时，设桨叶微段离心力产生的铰链力矩为 dM_c，dM_c 的计算如下：在叶素坐标系 $O_1 X_1 Y_1 Z_1$ 中，设翼剖面的质心 C_G 与变距轴线相距为 e_g，如图 7-2 所示。在叶素坐标系下的分量为 l_y 和 l_z。质心上分别作用有离心力、重力、挥舞惯性力、摆振惯性力等，如图 7-3 所示。质心到桨毂中心的距离为 $\varepsilon \approx \sqrt{r^2 + e_g^2}$，则桨叶微段 dr 上作用的离心力可表示为

$$dF = dm \cdot \Omega^2 \cdot \varepsilon \tag{7-2}$$

式中：dm 为桨叶微段 dr 的质量；Ω 为旋翼旋转角速度；l_y、l_z 与 C_G 的位置及剖面的变距角 θ 有关，且有

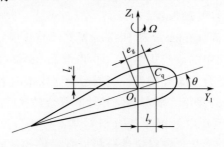

图 7-2 桨叶叶素坐标系

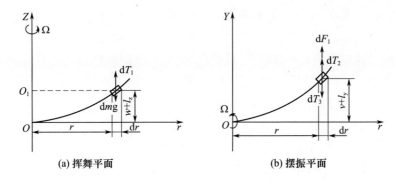

(a) 挥舞平面　　　　　　(b) 摆振平面

图 7-3　作用在桨叶微段上的离心力、惯性力和重力等

$$l_y = e_g \cdot \cos\theta$$
$$l_z = e_g \cdot \sin\theta$$

离心力 $\mathrm{d}F$ 的展向分量平行于变距轴线，不产生铰链力矩，只有切线方向的分量 $\mathrm{d}F_y$ 产生铰链力矩，则桨叶微段离心力产生的铰链力矩为

$$\mathrm{d}M_c = -\mathrm{d}F_y \cdot (w + l_z) = -\mathrm{d}F \cdot \frac{l_y + v}{\bar{\varepsilon}} \cdot (w + l_z) \qquad (7-3)$$

式中：w、v 分别为挥舞位移和摆振位移。

3. 重力、挥舞惯性力、摆振惯性力、科里奥利力构成的铰链力矩

当桨叶有弹性挥舞和摆振运动时，桨叶微段的挥舞惯性力 $\mathrm{d}T_1$、摆振惯性力 $\mathrm{d}T_2$、重力 $\mathrm{d}mg$ 及因挥舞运动和绕桨轴的旋转运动产生的科里奥利力 $\mathrm{d}T_g$ 都对变距轴线有力臂，这些力构成的铰链力矩为

$$\mathrm{d}M_1 = (\mathrm{d}T_1 - \mathrm{d}mg)(v + l_y) + (\mathrm{d}T_g - \mathrm{d}T_2)(w + l_z) \qquad (7-4)$$

式中：

$$\mathrm{d}T_1 = -\mathrm{d}m\ddot{w},\ \mathrm{d}T_2 = -\mathrm{d}m\ddot{v},\ \mathrm{d}T_g = 2\mathrm{d}m\Omega\dot{u}$$

其中：$\ddot{w}$、$\ddot{v}$、$\dot{u}$ 分别为挥舞加速度、摆振加速度和沿桨叶展向的速度。

另外，桨叶的扭转运动和周期变距还会产生扭转惯性力矩。设桨叶微段的惯性矩为 $\mathrm{d}J$，则由此形成的铰链力矩为

$$\mathrm{d}M_J = -\mathrm{d}J \cdot \ddot{\theta} \qquad (7-5)$$

4. 桨叶弹性变形产生的附加铰链力矩

设桨叶微段的气动升力和气动阻力分别为 $\mathrm{d}Y$ 和 $\mathrm{d}D$，则有

$$\mathrm{d}Y = \frac{1}{2}\rho V^2 C_y C_d r$$
$$\mathrm{d}D = \frac{1}{2}\rho V^2 C_d C_d r \qquad (7-6)$$

式中：C_y、C_d 分别为气动升力系数和阻力系数，这些系数可由非定常气动模型计算。

桨叶的挥舞弯曲使得桨叶微段的气动阻力对变距轴线构成力臂，从而产生附加铰链力矩；同时，由于桨叶在旋转平面内弯曲，剖面气动中心偏离了变距轴线，气动升力 dY 也产生附加铰链力矩，与图 7-3 中的情形类似，只是力臂由图中的 $v+l_y$ 和 $w+l_z$ 分别变为 v 和 w，翼剖面如图 7-4 所示。其构成的铰链力矩为

$$dM_E = (dY\cos\beta_* - dD\sin\beta_*) \cdot v + (dY\sin\beta_* + dD\cos\beta_*) \cdot w \quad (7-7)$$

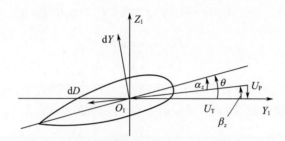

图 7-4 附加铰链力矩剖面示意图

式中：β_* 为来流角，且有

$$\beta_* = \arctan\frac{U_P}{U_T} \quad (7-8)$$

其中：U_P、U_T 为剖面来流速度的两个分量。

5. 变距铰的支反力矩和摩擦力矩

对无轴承旋翼，桨叶变距通过桨毂柔性件的扭转来实现。柔性件可以用一个当量扭簧来代替，扭簧刚度 $K_{\theta l}$ 可通过试验测定，支反力矩为

$$M_{EP} = -K_{\theta l} \cdot \theta_0 \quad (7-9)$$

式中：θ_0 为桨叶根部的变距角。

对于铰接式或无铰式旋翼，即存在轴向铰的旋翼，试验表明，作用在轴向铰中的摩擦力矩，其特性接近于库仑干摩擦。因为其大小基本上由离心力决定，可以认为摩擦力矩的大小正比于旋翼转速的平方，即

$$M_{TP} = -a_{TP} \cdot \Omega^2 \cdot \frac{\dot\theta_0}{|\dot\theta_0|} \quad (7-10)$$

式中：$a_{TP} = f \cdot r_\Pi \cdot S_B$，其中，$f$ 为轴承中的摩擦系数，r_Π 为止推轴承的半径，S_B 为桨叶对变距轴线的静矩，本书在分析时没有考虑。

对于其他形式连接的旋翼,可以按实际测量的数据处理。通常情况下,旋翼桨叶的铰链力矩为上述几个部分的和。

7.4 桨叶铰链力矩试验研究

直升机旋翼桨叶铰链力矩是桨叶上各种力对桨叶轴线扭矩的总和。由于桨叶根部的扭转刚度相当大,而桨叶铰链力矩比较小,因此通过贴在桨叶根部的应变片直接测量桨叶的扭矩是很困难的,虽然可采用连接在桨叶根部接头与桨毂轴向铰之间的扭力天平来测量铰链力矩,但它占据了桨毂较大的径向尺寸,往往受到模型空间的限制。因此,从国内外公开发表的资料,还没有看到直接测量桨叶铰链力矩的试验或飞行试验。这也从一个侧面反映了该试验的困难程度。

考虑到桨叶铰链力矩是直接由变距拉杆的轴向力对桨叶轴向铰轴线的力矩来平衡的,于是,桨叶根部扭矩也可间接用桨叶-变距摇臂-变距拉杆系统中的变距拉杆载荷来表示。因此,可以通过测量变距拉杆载荷的方法来实现测量桨叶铰链力矩的目的。

变距拉杆天平采用了环式应变元件作为变距拉杆天平的测量元件,环形元件的结构如图7-5所示,采用信号前置放大技术,使变距拉杆载荷信号在进入集流环前进行放大。

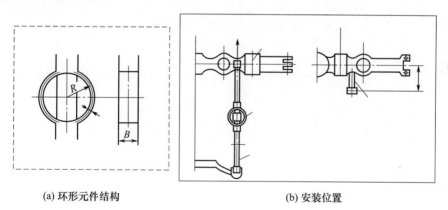

(a) 环形元件结构　　　　(b) 安装位置

图7-5　变距拉杆天平示意图

试验模型旋翼直径为4m、4片桨叶、弦长为132mm、铰接式桨毂、转速为1030r/min。试验在中国空气动力研究与发展中心低速空气动力研究所的12m×16m/8m×6m双试验段大型低速风洞进行。以前进比、拉力系数、后向力系数等为自变量,并按一定的方法配平旋翼。实时记录20圈的数据,按桨叶所在的方位角采集信号,对各个方位角的值平均后得到变距拉杆的稳态值,联机分析所有通道数据及实时动态量频谱,输出时域图和频域图。

7.5 试验结果及分析

图 7-6 为变距拉杆载荷随旋翼主轴倾角变化的时间历程。图 7-6(a) 为 $\mu=0.1$ 时拉杆载荷随旋翼主轴倾角变化的时间历程。从图中看出:拉杆载荷是周期性交变的,这说明桨叶铰链力矩也是周期性交变的;拉杆载荷随旋翼主轴倾角的变化不大,且相位比较一致;拉杆的平均载荷不大,变化幅值也不是太大,这可能是前飞速度不大的缘故。图 7-6(b)、(c) 为 $\mu=0.15$ 和 $\mu=0.2$ 的测量结果,总的变化趋势基本一致。

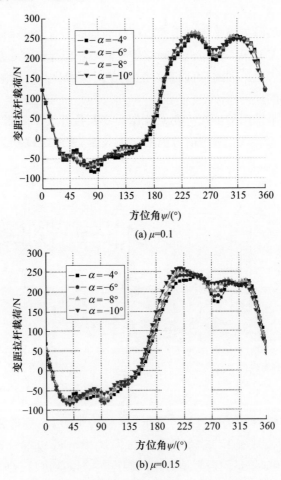

(a) $\mu=0.1$

(b) $\mu=0.15$

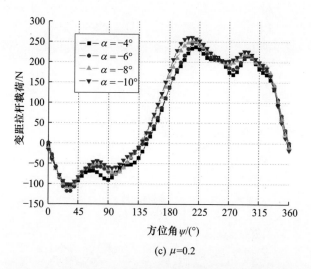

(c) $\mu=0.2$

图 7-6 变距拉杆载荷随旋翼主轴倾角变化的时间历程

图 7-7 为在相同主轴倾角时,变距拉杆载荷随前飞速度变化的时间历程。从图中看出,随着前飞速度的增加,拉杆载荷的幅值和相位都有变化,但变化不是很大,这是旋翼桨叶上的气动力发生了变化,导致气动力矩也跟着改变,使得总铰链力矩发生改变。

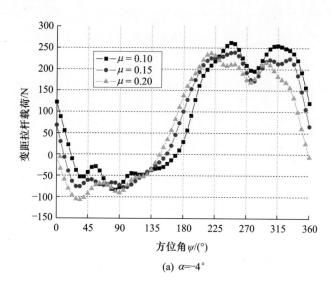

(a) $\alpha=-4°$

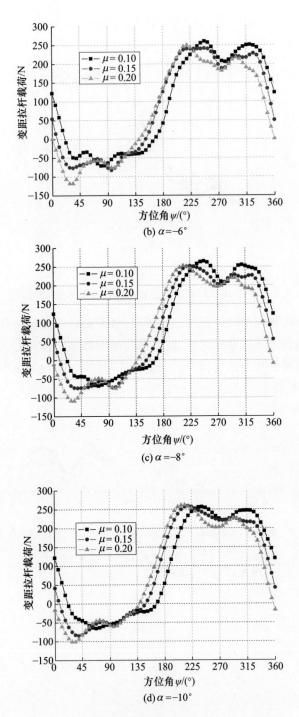

图7-7 变距拉杆载荷随前飞速度变化的时间历程

从以上分析可以看出,桨叶铰链力矩的最大特点是它的周期性变化,并且当桨叶大约运行到方位角45°和方位角225°出现局部波动。结合7.3节铰链力矩的数学解析可以发现,这是因为桨叶从后行边转到前行边时,气动迎角由大变小,由迎角变化产生的冲量气动力矩为正,由变距速率的变化产生的冲量气动力矩也逐渐由负变正,因而总的气动力矩为正。并且当桨叶转到前行边时,增加较快,在方位角45°时达到最大值。之后桨叶进入合流最大区域,低头力矩增大,从方位角90°往后,桨叶迎角增大,这时由迎角变化产生的冲量气动力矩由正变负并逐渐增大,大约在方位角135°处,低头气动力矩达到最大值。桨叶继续旋转,剖面来流速度减小,低头气动力矩减小。桨叶转过方位角180°后,部分桨叶进入反流区,导致气流分离,环量损失,位于翼型前部的低压区后移,产生低头气动力矩,该力矩随前进比增大而增加,因而出现前面所述现象。

7.6 发展趋势分析

铰链力矩体现了直升机的操纵性,是检验旋翼是否合格的一个重要参数,高精度的铰链力矩测量与采集技术关乎旋翼桨叶的铰链力矩试验成败,在风洞试验中还需要更深入的发展,主要体现在以下两个方面:

(1)进一步研制具有足够刚度和强度,且有较高载荷灵敏度的新式变距拉杆测力元件,解决高刚度与高的载荷灵敏度之间的矛盾。

(2)采用更好的前置信号放大技术,并通过数字信号无线传输,解决复杂的电磁环境对信号传输的影响问题。

第8章
旋翼翼型气动力风洞试验

旋翼翼型气动特性是旋翼气动设计的基础,旋翼翼型风洞试验是研究翼型气动特性的重要手段,这是由直升机旋翼所处复杂的气动环境所决定的,如前所述,前飞旋翼桨叶旋转一周的过程中,桨叶的迎角随方位角变化而变化,前行桨叶可能出现跨声速激波失速,后行桨叶可能出现大迎角动态失速和气流分离。这种宽马赫数、变迎角、非定常等特殊的气动运行环境决定了旋翼翼型设计较固定翼翼型设计而言更为复杂,需要综合考虑前飞、悬停、机动等多种飞行条件,重点提高阻力发散马赫数、最大升力,减小俯仰力矩等。试验研究主要集中在翼型的气动力测量技术的精细化,旋翼翼型的静、动态气动力准确预测上。

8.1 国外翼型试验情况

翼型是旋翼的基本构成要素,其气动特性优劣对旋翼性能有关键性影响,进而影响直升机的载重、速度、航程、噪声和振动水平等。据国外 10 吨级直升机"黑鹰"飞行验证表明,基于先进翼型的旋翼改进可明显提升原机性能,载重增加 500kg 以上,巡航速度增加 20km/h 以上,航程增加近 80km,噪声降低 4~6dB,振动降低约 50%。

从西科斯基"黑鹰"直升机 SC1095 旋翼翼型风洞试验情况(表 8 - 1)可以看出,旋翼翼型试验马赫数变化范围广,试验马赫数覆盖了低速、亚声速、跨声速区域,试验测量一般采用表面压力、尾流测量方法,也有用天平测力方法,在数据修正方面基本都考虑了风洞壁的影响,进行了洞壁干扰修正。

表 8-1　SC1095 旋翼翼型气动性能风洞试验情况

风洞	Ma 数范围	Re 数范围(10^6)	模型及风洞尺寸比	测量方法	洞壁干扰修正
LSWT (2.75ft×7.73ft 翼型插段)	0.3~0.75	2.52~4.97	$b/c=2.06$ $h/c=5.8$	天平测力 尾流损失	实壁,线性洞壁干扰修正
LSWT 8 ft (对边宽8ft的八边形)	0.3~0.75	2.54~4.94	$b/c=7.75$ $h/c=5.8$	压力分布 尾流损失	实壁,线性洞壁干扰修正
Ohio State (6in×22in)	0.3~0.85	2.88~7.57	$b/c=3.67$ $h/c=1.0$	压力分布	开孔壁,顶壁和底壁独立调节开孔率
NRC 高速结冰设备 (12in×12in)	0.3~0.87	1.80~4.60	$b/c=2.0$ $h/c=2.0$	压力分布 尾流损失	开孔率线性变化
NSRDC (7ft×10ft)	0.3~1.1	1.29~3.96	$b/c=7.5$ $h/c=5.25$	天平测力 压力分布 尾流损失	开槽壁,大升力干扰,尾流阻力修正
LaRC (6in×28in)	0.35~0.9	1.60~6.70	$b/c=1.94$ $h/c=9.03$	压力分布	开槽壁,迎角修正,侧壁边界层对激波位置及最大升力系数影响
Ames (2ft×2ft)	0.2~0.88	1.87~4.00	$b/c=4.0$ $h/c=4.0$	压力分布	开槽壁,迎角修正
Ames (11ft×1ft)	0.3~1.1	3.60~6.05	$b/c=8.21$ $h/c=8.21$	天平测力 压力分布 尾流损失	开槽壁,洞壁干扰修正(未做迎角修正)
Ames (7ft×10ft)	0.11~0.3	1.44~3.88	$b/c=3.49$ $h/c=5.0$	压力分布 尾流损失	实壁,线性洞壁干扰修正

注:b 为模型展长,c 为模型弦长,h 为风洞高。

从上述试验相关的数据结果,以及升力线斜率随马赫数变化(图 8-1)可以看出:①各个风洞试验数据的离散度比较大(这也佐证了翼型试验的难度),究其原因主要有两点,一是风洞本身的差异,二是试验技术和数据修正技术的精细化差异。②洞壁干扰抑制措施或者数据修正体系都比较完善,在此基础上才获得了试验精准度综合评价较好的 Group 2 数据。

综上可见,为了获得高精准度的翼型试验数据,必须具备两个条件:一是马赫数范围宽、流场品质好的高品质的风洞;二是高精度的试验技术,如风洞的翼型控制、数据的采集测量等,必须妥善考虑洞壁干扰抑制措施并且完善数据修正体系。

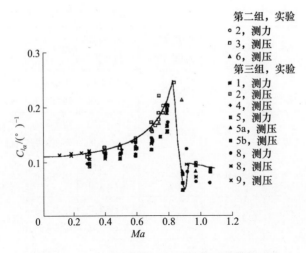

图 8-1　SC1095 旋翼翼型气动性能试验数据对比

8.2　翼型静态风洞试验技术

8.2.1　国内翼型试验主力风洞

目前而言,低马赫数范围($Ma \leqslant 0.2$)有 CARDC 的 FL-12、Fl-13 风洞(图 8-2)和西北工业大学 NF-3 低速翼型风洞,中、高马赫数 $0.3 \leqslant Ma \leqslant 0.9$ 范围风洞有 CARDC 的 FL-20、FL-21 风洞,西北工业大学 NF-6 连续增压高速翼型风洞和南京航空航天大学 NH-1 高速风洞(图 8-3),其中 FL-20 风洞是一座 0.6m×0.6m 连续式跨声速风洞,最大马赫数达 1.2,能进行增压试验,压力能达到 250kPa,可连续工作 2h 以上。

(a) FL-12翼型低速试验

(b) FL-13翼型低速试验

图 8-2　翼型低速试验装置

(a) FL-20翼型高速试验

(b) FL-21翼型高速试验

(c) NF-6翼型高速试验

(d) NH-1翼型高速试验

图8-3 翼型高速试验装置

8.2.2 试验技术精细化

风洞试验是研发旋翼翼型、优化其外形以获得良好气动特性必不可少的途径,精确的翼型试验历来是风洞试验技术的难点之一,旋翼翼型相对于常规翼型,对于风洞试验有更高的精细化要求,影响旋翼翼型二元风洞试验数据精、准度的来源因素复杂,涵盖模型的设计和制造(模型外形、表面测压孔的疏密布置、表面测压孔的分布形式)与辅助装置的设计和制造(尾流总压管和静压管的设计优化)以及试验方式等多方面。必须充分发挥数值计算的预估作用,合理优化模型及装置,提升试验设计精细化水平。

1. 模型设计加工

为提高翼型模型外形准确度,应注意以下四个方面:

(1) 根据表面压力分布计算,从翼型前缘至后缘分级设定加工公差等级,低速风洞模型测量值和数模值的外形平均误差前缘小于0.03mm,中后部小于0.05mm;高速风洞模型测量值和数模值的外形平均误差前缘小于0.02mm,中后部小于0.04mm。

(2) 采用全金属整体数控加工成型模型,减少部段的拼接。

(3) 采用硬质材料,低速采用7075硬铝材料,高速采用REMAX-S材料,不再进行表面镀硬铬工艺。

(4) 优化翼型内部空腔设计,合理布置测压孔管路,确保翼型在风载下应变较小。低速风洞模型测量值和数模值的外形平均误差前缘小于 0.03mm,中后部小于 0.05mm;高速风洞模型测量值和数模值的外形平均误差前缘小于 0.02mm,中后部小于 0.04mm。

2. 测压孔布置优化

采用数值计算获得翼型典型迎角下的表面压力分布,以 $|dCp/dx| = 10$ 和 $|dCp/dx| = 2$ 为分界划分压力梯度变化域,将翼型表面分为 4 个压力梯度变化域,相应设置不同的测压孔分布密度。同时,为降低前后测压孔干扰,采用 V 形布置,并采用数值模拟的方法模拟测压孔微突起造成的压力扰动影响范围,根据最密的测压孔排布间距确定合适的 V 形夹角。

3. 尾流耙设计

低速风洞,尾流耙采用横跨风洞侧壁支撑方式安装,此方式不仅使尾流覆盖范围最大,而且消除了立柱,减少了气流干扰。为了达到最优的总压孔和静压孔的密度分布,采用数值模拟获得了不同状态翼型尾流覆盖范围,在此基础上将总压孔和静压孔按照由尾流向翼型绕流再向自由来流逐渐稀疏。

高速风洞尾流测量耙设计也参考以上原则,并使翼型后缘距离总压孔断面的距离大于弦长的 1.5 倍。

4. 尾流动量损失积分

针对在整个尾流测量范围内积分和仅在尾流区范围内积分(需要判断尾流影响范围)两种积分策略,积分范围示意如图 8-4 所示。对比:尾耙区积分、尾耙区积分 + 总压损失修正、尾流区积分、尾流区积分 + 总压损失修正四种组合积分形式。建议采用尾流区积分 + 总压损失修正组合积分形式。

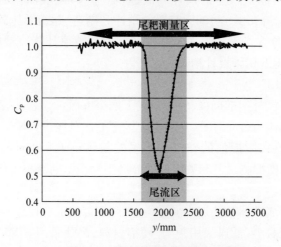

图 8-4 尾耙测量区和尾流区范围

5. 洞壁干扰影响修正

洞壁干扰是影响风洞试验数据准度的一个重要因素,并且在亚声速试验中随着来流马赫数的提高,洞壁干扰效应逐渐增强。目前,国内各个风洞的洞壁干扰修正并不透明,国外也仅知道部分风洞采取了何种修正方法,具体细节严格保密。

CARDC 针对 FL-21 风洞开展了旋翼翼型风洞试验的壁压修正方法研究,建立了可用的修正方法及公式,编制了相应的修正算法。试验采用 OA309 翼型模型,同时测试风洞上下壁压数据,以马赫数 0.4 和 0.6 为例,修正曲线如图 8-5 所示。从图上可明显看出,修正后,FL-21 风洞升力线斜率与法方数据基本吻合,斜率差别 2%(在 5% 之内),升力线斜率修正量约为 10%,其修正准度高于国内同等量级风洞。法国 S3MA 风洞同样采用壁压信息法进行修正,升力线斜率修正量也约为 10%。

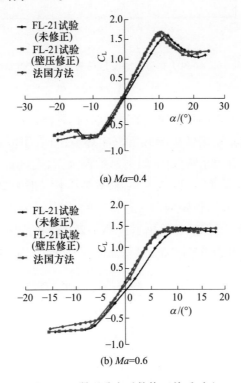

图 8-5 翼型升力系数修正前后对比

6. 阻力发散马赫数

前飞状态下,翼型零升阻力发散马赫数 Ma_{DD0} 是需要考核的一个重要指标,直接决定了直升机的最大飞行速度。采用波音的定义方式:阻力比基准线提高

$\Delta C_d = 0.0020$ 相对应的来流马赫数。

对 $Ma \le 0.8$ 数据(针对9%厚度,其他厚度拟合范围需要调整)进行线性拟合(图8-6),在此线0.002以上对应的 Ma 数即为 Ma_{DD0}。通过此办法获得的 OA309 翼型试验 $Ma_{DD0} = 0.839$,计算值 $Ma_{DD0} = 0.84$,二者非常接近。

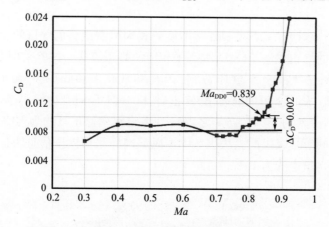

图 8-6　OA309 翼型阻力发散马赫数风洞试验曲线

7. 试验方式

采用实时增压,即在马赫数增大的同时实时调整风洞总压,保持雷诺数和马赫数比值一致,使试验雷诺数更加接近真实环境;若采用恒定风洞总压方式进行,可能会导致最大升力系数偏低,阻力系数偏大,致使试验数据不能真实反映翼型的气动性能。对于 FL-20 高速风洞,翼型弦长一般为 200mm,可采用雷诺数与马赫数比值(8×10^6)恒定的方式进行试验,使其试验雷诺数接近直升机桨叶翼型的实际雷诺数。图 8-7 给出了在 FL-20 风洞的增压前后试验结果。由图可见,增压后最大升力系数增加了 5% 左右,与此同时,阻力略有减低。

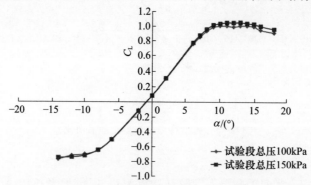

图 8-7　FL-20 风洞旋翼翼型 OA309 增压试验结果对比($Ma = 0.6$)

8.3 旋翼翼型静态风洞试验

本节以一个相对厚度9%、弦长200mm的翼型为例,介绍旋翼翼型静态风洞试验的基本方法和过程。试验采用固定雷诺数与马赫数比值的方式,保持雷诺数与马赫数比值固定为 8×10^6。试验马赫数为 $Ma = 0.3 \sim 0.95$。翼型试验的迎角变化范围:当 $Ma = 0.3 \sim 0.6$ 时,$\alpha = -8° \sim 18°$;当 $Ma = 0.7$ 时,$\alpha = -3° \sim 12°$;当 $Ma = 0.8 \sim 0.95$ 时,$\alpha = -3° \sim 3°$。试验时,$\alpha = 3° \sim 8°$ 之间加密试验迎角,用以捕捉最大升阻比峰值;$\alpha = 12° \sim 14°$ 之间加密试验迎角,用以捕捉最大升力系数峰值。

试验时,首先进行无模型时的空风洞试验,该项试验主要是测量空风洞壁压力以提供壁压修正基准量(其试验条件必须与相应马赫数下有模型的试验条件相同);其次进行重复性试验,用以检查试验的重复性精度;再次进行自由转捩和固定转捩,用以衡量翼型的气动特性。高速试验时,为获得翼型阻力发散马赫数,需在不同马赫数($Ma = 0.3 \sim 0.95$)下求得零升系数时的阻力系数,零升系数 $\alpha = -3° \sim 2°$,而阻力发散马赫数 $Ma = 0.7 \sim 0.9$,故此区间的马赫数序列应加密。表8-2为满足上述要求而编制的翼型静态风洞试验状态表。

表8-2 翼型静态风洞试验状态表

试验类型	Ma	Re/Ma_0	Re	名义迎角 $\alpha/(°)$
空风洞测量壁压	0.3~0.95	—	—	—
重复性精度(5条)	0.6	8	4.8	-2,2,6,10,14,18
自由转捩	0.30	8	2.4	-8,-4,0,2,3,3.5,4,4.5,5,5.5,6,6.5,7,7.5,8,9,10,11,12,12.5,13,13.5,14,16,18
	0.40	8	3.2	-8,-4,0,2,3,3.5,4,4.5,5,5.5,6,6.5,7,7.5,8,9,10,11,12,12.5,13,13.5,14,16,18
	0.60	8	4.8	-8,-4,0,2,3,3.5,4,4.5,5,5.5,6,6.5,7,7.5,8,9,10,11,12,12.5,13,13.5,14,16,18
	0.70	8	5.6	-3,-2,-1,-0.5,0,0.5,1,1.5,2,3,4,4.5,5,5.5,6,7,8,10,12
	0.80	8	6.4	-3,-2,-1,-0.5,0,0.5,1,1.5,2,3
	0.85	8	6.8	-3,-2,-1,-0.5,0,0.5,1,1.5,2,3
	0.875	8	7.0	-3,-2,-1,-0.5,0,0.5,1,1.5,2,3
	0.90	8	7.2	-3,-2,-1,-0.5,0,0.5,1,1.5,2,3
	0.95	8	7.6	-2,-1,-0.5,0,0.5,1,1.5,2

续表

试验类型		Ma	Re/Ma_0	Re	名义迎角 $\alpha/(°)$
固定转捩	@$x/c=6\%$	0.60	8	4.8	$-4,-2,0,2,4,6,8,10,12,14$
		0.60	8	4.8	$-4,-2,0,2,4,6,8,10,12,14$
		0.80	8	6.4	$-3,-2,-1,-0.5,0,0.5,1,1.5,2,3$
	@$x/c=10\%$	0.60	8	4.8	$-4,-2,0,2,4,6,8,10,12,14$
		0.80	8	6.4	$-3,-2,-1,-0.5,0,0.5,1,1.5,2,3$
雷诺数效应		0.60	4.7	2.8	$-8,-4,0,2,3,3.5,4,4.5,5,5.5,6,6.5,7,$ $7.5,8,9,10,11,12,13,14,16,18$
		0.80	6.5	5.2	$-3,-2,-1,-0.5,0,0.5,1,1.5,2,3$
阻力发散马赫数 ($C_L=0$)		$0.3\sim0.95$(0.7以上加密)	—	—	$-3,-2,-1,-0.5,0,1,2$

8.4 旋翼翼型动态特性风洞试验

旋翼翼型的动态机理十分复杂,深入了解旋翼翼型动态特性有利于研究如何提高旋翼性能,如美国"黑鹰"直升机在研制时,为了提高直升机的机动性,满足研制要求,专门改进了研制初期旋翼翼型的分布方案,由当初全展长采用SC-1095翼型的方案上变化为,在大部分仍为SC-1095翼型的基础上,桨尖失速区内侧改变为SC-1094R8翼型。对动态特性的认识大部分来源于二维旋翼翼型风洞试验,试验研究仍是探索旋翼翼型动态失速现象和机理的主要手段。值得一提的是,对于综合考虑变距、沉降、交变来流作用的影响,目前还没有公开可靠的试验研究。考虑多频激激励作用的影响,国内外文献也涉及不多。桨叶在非定常动态失速下翼型的升力特性和力矩特性表现出复杂得多频特性。这些除了周期交变的气动激振力和自动倾斜器的周期操纵激励外,翼型的弹性响应运动对动态失速也产生一定的影响。

8.4.1 旋翼翼型动态试验装置和技术现状

动态试验研究主要包括振荡翼型的测力、测压试验,动态失速流动细节测量以及动态失速抑制等,主要利用正弦振荡的翼型模型在自由来流中模拟桨叶段的俯仰运动。许多国家和地区长期利用风洞试验完成高性能旋翼翼型研发工作,建立了专门研究动态失速特性的直升机旋翼翼型动态试验装置(图8-8)和技术,相关参数见表8-3。

第8章 旋翼翼型气动力风洞试验

(a) NASA结冰风洞

(b) ONERA F2风洞

(c) DNW TWG风洞

(d) TsAGI SVS-2风洞

图8-8 国外主要气动装置旋翼翼型动态试验装置

表8-3 旋翼翼型动态特性风洞试验装置

风洞	试验段尺寸	试验马赫数	振幅	振荡频率/Hz	折算频率
NF-3风洞	1.6m×3m×8m	0.1	10	—	0.16
NASA结冰风洞	2.74m×1.83m	0.4	10	5	0.10
DNW的TWG风洞	1m×1m	0.5	7	5.7	0.10
ONERA的F2风洞	1.4m×1.8m	0.16	—	—	0.2
TsAGI的SVS-2风洞	0.5m×0.5m	0.6	5	20	0.1

美国国家航空航天局在2.74m×1.83m(宽×高)试验段的结冰风洞中建立了翼型振荡装置，试验最高马赫数为0.4，最大振幅为10g，振荡频率约为5Hz，所对应的折算频率达到0.1($\pi fc/V$，其中f为振动频率，c为模型弦长，V为试验风速)，接近真实旋翼翼型的折算频率值。利用该装置开展了弦长0.38m的VR-12等旋翼翼型模型动态失速特性及翼型前缘吹气控制动态失速技术研究，

并与数值计算方法做了对比研究。

德国荷兰风洞机构(DNW)在 1m×1m 试验段的跨声速风洞 TWG 中建立翼型振荡装置,试验马赫数为 0.3~0.5,振幅为 4°~7°,振荡频率为 2~5.7Hz,相应的折算频率可达到 0.1。试验段上下壁为可调的柔性壁,在平衡迎角时予以调整以降低壁面干扰。利用该装置,开展 OA209 等翼型动态失速控制研究,翼型模型由铝框架加碳纤维制作,弦长为 0.3m,展长为 0.997m,模型表面以斜线方式(与来流夹角 10°)布置了 49 个 Kulite 动态压力传感器,使用传感器积分获取的升力、压差阻力和俯仰力矩的重复性误差在 1% 之内,沿模型上表面展向布置 20 个压力传感器,以此研究动态失速过程中的三维效应。

法国宇航院在 1.4m×1.8m(宽×高)试验段的 F2 亚声速风洞(最高风速为 100m/s)中建立了翼型振荡装置,试验常用马赫数为 0.16,折算频率最高可达 0.2。利用该装置,对 OA 系列旋翼翼型动态失速特性进行了研究,翼型模型弦长为 0.5m,展长为 1.4m,测试传感器包括 55 个压力信号、32 个热膜片、9 个表面摩擦天平、2 个加速度计和热电偶等;还开展了有限展长的 OA209 桨叶模型的动态失速特性研究,模型弦长为 0.3m,展长为 0.9m,试验马赫数为 0.16,折算频率为 0.1,主要验证三维动态失速下,基于 URANS 和 DDES 模型的 CFD 数值模拟方法。

俄罗斯中央空气流体动力研究院(TsAGI)在 0.5m×0.5m 试验段的 SVS-2 风洞建立了翼型振荡装置,同时也可进行翼型的静态特性试验。动态试验马赫数为 0.3~0.6,振幅 0°~5°,振荡频率最高可达 20Hz,相应的折算频率可达到 0.1,采用两端测力天平方式获得翼型升力、阻力和俯仰力矩。利用该装置,完成了 TsAGI 旋翼翼型系列的动态失速特性研究试验。

西北工业大学翼型研究中心在 NF-3 低速风洞配套了可进行翼型俯仰振荡和沉浮运动的装置,进行了 A212mk 和 A212mkt(基于法国 OA212 翼型的改进型)等翼型试验,模型弦长为 1.0m,展长为 1.6m,试验马赫数为 0.1,最大振幅 10°,折算频率可达到 0.16,研究获得了折算频率对翼型动态失速特性的影响。

南京航空航天大学在 1m 低速开口风洞建立了翼型俯仰振荡和沉浮两自由度装置,沉浮运动范围 -125~125mm,振荡频率为 2Hz,俯仰运动的变化范围为 -60°~60°,振荡频率达 4Hz 以上。

CARDC 在直径 3.2m 开口试验段低速风洞中建立了旋翼翼型俯仰振荡装置(图 8-9),并开展了动态压力数据采集、洞壁干扰修正、翼型近壁流场测量,以及试验和计算数据对比等相关技术研究。该装置试验最高马赫数为 0.2,最高振荡频率为 5Hz,最大振幅为 10°。

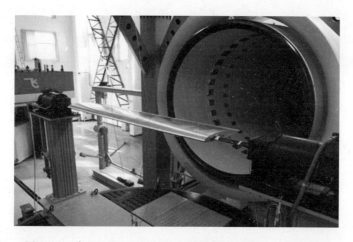

图 8-9 直径 3.2m 开口试验段旋翼翼型俯仰振荡试验装置

8.4.2 影响旋翼翼型动态失速的关键参数

1. 折算频率对翼型动态特性的影响

通过试验研究得知,影响旋翼翼型动态失速的因素很多,其中最重要的是折算频率 k,旋翼翼型试验技术能力通常需要达到或超过真实直升机的折算频率(在 0.1 附近)。西北工业大学周瑞兴等在 NF-3 低速翼型风洞,根据直升机旋翼振荡运动的折算频率范围,在雷诺数 $Re = 2.0 \times 10^6$ 和 $\alpha = 15° + 10°\sin\omega t$ 的条件下,实验研究 k 为 0.041、0.105、0.164 时的旋翼翼型的动态气动特性指出:与静态相比,两种翼型的动态失速迎角 α(最大升力对应的迎角)都增大(由 14°增加到 25°),最大升力系数约为静态时的 1.6 倍,其 $C_L - \alpha$ 曲线为一迟滞环线;折算频率 k 是影响翼型动态失速特性的一个极为重要的因素,在折算频率 k = 0.041~0.164 范围内,两种旋翼翼型动态运动上行程($\alpha > 0°$)的升力随迎角而变化的规律基本一致,而下行程($\alpha < 0°$)的升力变化规律因 k 的不同而差异很大;振幅角对上述两个翼型动态失速气动特性的影响和折算频率的影响有相似之处,从本质上看,它们主要影响翼面边界层的转捩位置,从而影响到流动分离特性和再附的能力。

2. 振幅角对两种翼型动态特性的影响

振幅角的大小决定了翼型动态运动穿过静态失速角之外的程度,它也是影响翼型动态失速特性的一个重要因素。

中国直升机设计研究所林永峰等在俄罗斯中央空气流体动力研究院的 SVS-2 风进行翼型的动态特性试验研究指出:在相同迎角下,翼型的动态特性和静态特性有很大的不同,可以看到明显的迟滞现象;相同马赫数下,迟滞回线区域随振动频率的增加而增大,当平均迎角接近临界迎角时,迟滞回线区域也增大,在这种情形下,可以观察到失速的延迟以及最大升力系数 C_{Ymax} 的大幅提高(图 8-10 和图 8-11)。

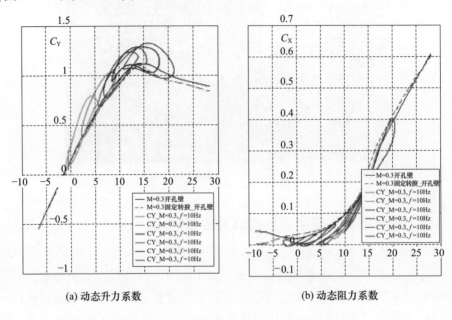

(a) 动态升力系数　　　　　　　　　(b) 动态阻力系数

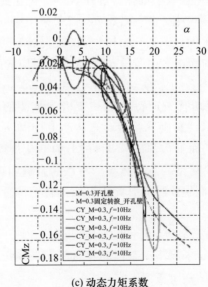

(c) 动态力矩系数

图 8-10　CH-9.5 旋翼翼型动态系数变化曲线($Ma=0.3, f=10Hz, Re=1.27\times10^6$)

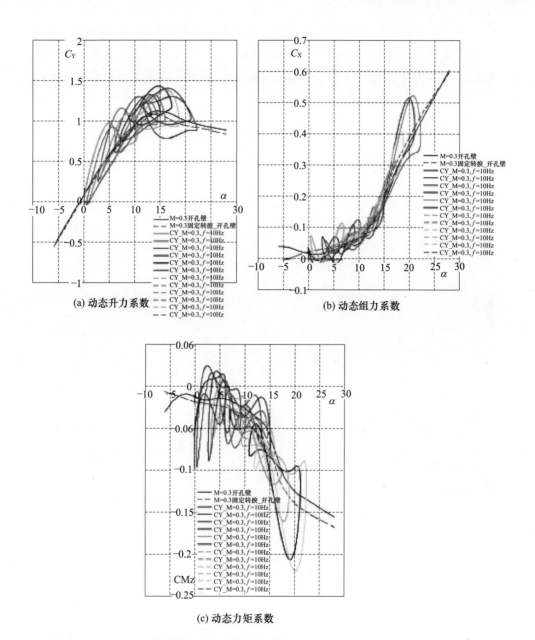

图 8-11 CH-9.5 旋翼翼型动态系数变化曲线($Ma=0.3$, $f=15\,\mathrm{Hz}$, $Re=1.27\times10^6$)

8.5 发展趋势分析

旋翼翼型气动性能的试验验证是一项精细复杂的系统工程,需要一套完整的试验技术体系才能支撑。目前,国内在先进旋翼翼型研发方面,掌握了旋翼翼型优化设计方法、静态气动特性风洞试验验证技术、动态气动特性风洞试验验证技术,设计了综合性能优于 OA3 的 CRA 翼型系列,但设计翼型未在旋翼上进行试验考核,对其动态气动特性的研究水平还有待进一步提升。在针对旋翼翼型气动性能的试验研究中,国内还需要更深入的发展,主要体现在以下两个方面:

(1) 旋翼翼型气动性能试验的细节水平仍可提升,如阻力测量的精准度、上下壁干扰的修正精细化、侧壁干扰修正的工程化实现、动态气动性能试验的多手段(测力、测压、流动显示)融合等。

(2) 面向常规、共轴、倾转及新概念构型直升机,开展成谱系的旋翼翼型试验验证研究,形成较广泛的旋翼翼型静/动态气动性能数据库,为开展基于自主翼型的旋翼设计提供基础支持。

第 9 章
旋翼流场测量研究

对于先进直升机设计来说,关键的问题是对直升机旋翼桨叶的尾迹与拖出桨尖涡的形成和演化更深入的理解。桨叶载荷和旋翼系统的总体性能高度依赖桨尖涡的强度和相对于旋翼的位置。另外,在低速前飞下降中,桨涡干扰造成了桨叶上局部较大的非定常气动载荷,由此导致旋翼振动水平增加以及旋翼脉冲噪声的产生。

为了预测旋翼气动载荷,当前的数学模型广泛地依赖于对桨叶桨尖涡特性的经验性观测。举例来说,试验测量用来指导发展采用速度场和黏性核尺寸描述桨尖涡结构的模型,并且描述了这些特性如何随着气流中的涡龄而改变。能够更好地测量并洞察旋涡流动,将会促进旋翼尾迹数学模型的进一步验证发展。这些模型可能最后会促进先进的桨叶设计策略,有助于消除旋涡诱导的不利旋翼气动现象,如振动气动载荷和桨涡干扰诱导旋翼噪声等。

旋翼流动的高度三维本质意味着采用任何试验技术的测量都是困难的。特别是,关于桨尖涡特性还有很多方面需要研究。旋翼流场试验的发展已经采用过多种诊断技术,如热线风速仪(HWA)、激光多普勒测速仪(LDV)和粒子图像测速仪(PIV)。对于旋翼流场结构测量来说,每个技术都有特定的优点和缺点。热线风速仪技术采用在气流中放置的细小热线方法,存在探针靠近旋翼的危险以及热线和支撑对于流动的扰动等问题。光学技术如 LDV 和 PIV 不需要对流场的任何物理接触,但是需要在流场中成功地播撒粒子。这种测量的不确定性直接影响飞行器性能预测。

国内旋翼复杂流动研究主要集中在桨尖涡、涡环等方面,研究单位主要包括CARDC、中国直升机设计研究所、南京航空航天大学等科研院所。

在桨尖涡研究方面,CARDC 开展了精细化的桨尖涡生成过程 PIV 试验研究,通过试验观测到了桨尖涡生成过程中涡量及环量的变化和流场变化,并运用更为合理的涡核中心判定、涡核流动数据提取以及涡核模型拟合等方法对试验结果进行了精细化处理。

在涡环研究方面,南京航空航天大学高正教授利用旋臂机和相关试验设备,对直升机旋翼涡环状态开展了试验研究,建立了判断旋翼涡环状态边界的方法,被称为"高-辛"判据。南京航空航天大学陆洋等用 R22 直升机进行了涡环状态边界的飞行试验,取得了旋翼涡环状态的部分飞行数据。CARDC 分别用大视场和高速 PIV 测量了 BO-105 旋翼模型下降状态的流场特性,研究了桨尖布局对涡环状态气动特性的影响。

9.1 旋翼流场测量研究的意义

旋翼流场主要有三个特点:①旋翼桨叶的来流速度沿径向是变化的,旋翼流场同时包含了桨根的不可压流动区域和桨尖的跨声速流动区域。②旋翼流动是典型的非定常流动,由于旋翼的旋转,即使在定常前飞状态,旋翼桨叶的来流速度和当地攻角也在随方位角的变化而变化。在前飞速度较大时,前行侧桨叶的桨尖附近流动为跨声速流动,而在后行侧则由于桨叶向下挥舞和桨距角的增加,桨叶通常工作在很高的攻角状态,容易发生动态失速。③旋翼旋转产生强烈的桨尖涡和尾迹流动,这些尾涡旋绕在旋翼附近,造成涡桨干扰以及涡与机身的干扰(图9-1),对飞行器气动性能产生不利影响。

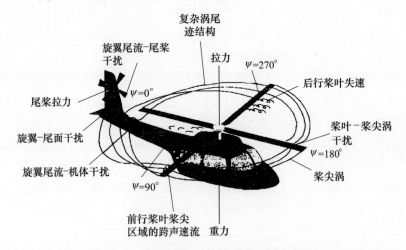

图 9-1 直升机前飞状态的典型流动现象

旋翼在旋转过程中产生强烈的桨尖涡使旋翼产生诱导阻力的同时,还会与机身、尾面、尾桨部件等发生碰撞,产生不规律的脉冲载荷。在下降、中小速度等飞行状态时,会由于桨尖涡与后续桨叶相遇形成桨－涡干扰现象,如图9－2所示。

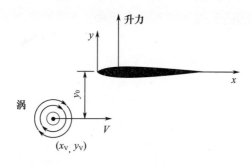

图9－2 桨涡干扰现象二维示意图

旋翼是直升机最重要的升力部件,旋翼旋转时桨叶的叶尖处于高动压区,桨叶载荷和旋翼系统的总体性能高度依赖桨尖涡的强度和相对于旋翼的位置;桨－涡干扰是造成桨叶上局部产生较大的非定常气动载荷,并导致旋翼振动水平增加以及旋翼脉冲噪声的产生的主要因素。因此,研究直升机旋翼桨叶的尾迹和拖出桨尖涡的形成和演化,对于提升旋翼的气动性能、降低直升机噪声和振动具有重要的指导意义。

旋翼气动载荷预测的数学模型也广泛地依赖对桨叶桨尖涡特性的经验性观测。例如,试验测量用来指导发展采用速度场和黏性涡核尺寸描述桨尖涡结构的模型,反映旋涡流动的测量可促进旋翼尾迹数学模型的进一步发展成熟,并应用于先进桨叶的设计,有助于消除振动气动载荷和桨－涡干扰诱导旋翼噪声等不利的旋涡诱导的旋翼气动现象。

9.2 旋翼流场测量研究的主要方法

根据测量原理的不同,流场测量方法有三种:①建立在压力感应原理上,通过压力变换来测量流速的压力探头,包括皮托管及各种多孔探头,如三孔、五孔、七孔探头(SHP);②建立在热交换原理基础上的热线风速仪,主要有热线风速仪、飞行热线(FHWA)、脉冲热线(PWA);③建立在光学原理基础上的激光测速仪,如激光多普勒测速仪、粒子图像测速仪。

由于旋翼流动一般是三维、非定常、非周期性的,其形态随时间和空间都发生变化,探针、热线等方法难以胜任,粒子图像测速技术作为非接触、对流场无扰动的全场定量测量显示技术,克服了单点测速技术的局限性,可在同一时刻测量流动空间的瞬时速度场、涡量场、流线图和脉动速度场等有关信息。

PIV作为一种无干涉、高效率的流场定量解析测量工具,主要应用于飞行器的气动布局及选型的流动显示研究;飞行器部件流动分离控制以及增升减阻技术研究;飞行器的表面流态显示及部件之间相互干扰的流动显示;飞行器在不同飞行状态下的流动显示;直升机旋翼瞬时空间的桨尖流场、尾迹流场、下洗流场测量等。在此介绍以PIV为测量工具来解析旋翼的桨尖流场,在对旋翼的载荷进行测量控制的同时测量旋翼动态尾流场,同时记录环境温度和大气压,以便定量分析桨尖涡与旋翼状态的关系,为建立数学模型提供更可靠的依据。

利用PIV测量旋翼动态尾流场的试验技术,其中需要解决好粒子的浓度、测量区域的标定和触发采集信号的问题。

9.3 粒子图像测速仪的测量原理

粒子图像测速技术是一种非接触、瞬时、动态、全流场的速度场测量技术。测量基本原理是在已知时间间隔内,测量流体质点(粒子作为示踪质点)的位移,确定该点的速度的大小和方向。该技术是通过组合透镜把激光束扩展成具有一定厚度和光强,且分布均匀的平面光,照射流场某一截面,使用数字相机拍摄流场照片,得到前后两帧粒子图像,对图像中的粒子图像进行互相关计算得到流场一个切面内定量的速度分布。进一步处理可得流场涡量、流线以及等速度线等流场特性参数分布。通常,为使图像清晰在流场中布撒大量示踪粒子跟随流场运动。

从本质上讲,PIV测出的是流场中粒子的速度,是利用布撒在流体中的跟随性较好的示踪粒子代表粒子所在位置的流场速度。测量粒子图像经过Δt时间段的位移Δx、Δy(图9-3),要求位移必须足够小,使得$\Delta x/\Delta t$($\Delta y/\Delta t$)是速度$U(V)$很好的近似,即轨迹必须是接近直线并且沿着轨迹的速度应该近似恒定,这可以通过控制时间间隔Δt来达到,使Δt小到与受精度约束的拉格朗日速度场的泰勒微尺度可以比较的程度。

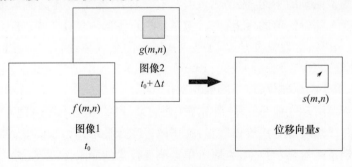

图9-3 PIV互相关计算示意图

通常提到的立体 PIV 技术实质是在二维的片光平面内进行的 3C 速度场测量。二维 PIV 技术已经较好地实现了 2C 和 3C 的测量,二维区域(流体截面)由激光片光照明,2C 利用法向的视场角,3C 需要两个不同的视场角(体视)。PIV 技术正在从 2D-2C 测量,逐渐朝 3D_t-3C("t"指时间)方向发展(表 9-1)。TR-PIV 技术可以展示流动的时空结构形态和瞬时获取全流场的定量数据,以及流动的整个结构(如拓扑结构,旋涡分布结构等)随时间变化的结果,并能瞬时取得定量的标量或向量(速度、压力、涡量分布)场数据。要揭示复杂流场的机理和特点,必须采用 TR-PIV 技术。

表 9-1 PIV 技术的发展及分类

目标量	相关参数	描述	简写	应用状况
2D-2C	$X,Y;U,V$	常规的二维 PIV	PIV	广泛
2D_t-2C	$X,Y;U,V;t$	时间辨识 PIV(高速 PIV)	TR PIV	工程应用
2D-3C	$X,Y;U,V,W$	体视 PIV	SPIV	工程应用
2D_t-3C	$X,Y;U,V,W;t$	时间辨识的体视 PIV	TR SPIV	应用
3D-3C	$X,Y,Z;U,V,W$	三维 PIV	TomoPIV	研发
3D_t-3C	$X,Y,Z;U,V,W;t$	时间辨识的三维 PIV	TR TomoPIV	研发

注:X,Y,Z 为空间三维坐标;U,V,W 为三个速度分量;t 为时间。

PIV 系统主要由激光系统、高速相机系统、同步控制器、图像处理软件、粒子发生器等组成。

粒子发生器主体设备包括发烟剂供应单元、加热单元、压缩供气单元、控制单元、粒子播放单元等,如图 9-4 所示。

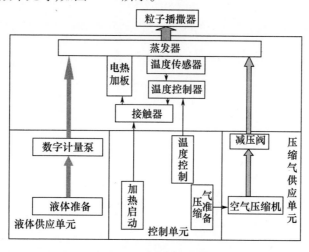

图 9-4 粒子发生器组成

9.4 悬停旋翼桨尖流场

试验的旋翼模型为桨尖马赫数相似模型,旋翼直径为 2m,由金属桨毂和复合材料桨叶组成。桨叶模型(图 9-5),桨叶弦长为 0.06m、扭转角为 $-8°$、翼型为 NACA23012,矩形桨尖,桨叶片数为 4 片,旋翼实度为 0.104,桨毂模型为无铰式结构,具有四个变距摇臂,其轴向铰用来改变桨叶桨距角,挥舞铰、摆振铰的功能则由桨毂、桨叶相应的弹性变形来代替。

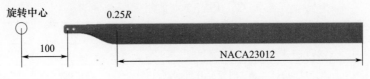

图 9-5 桨叶模型外形示意图

悬停试验采用定总距的试验方法,旋翼方位角外触发同步采集流场图像(图 9-6)。拍摄视场相对于旋翼的位置示见图 9-7,图中蓝色阴影部分为拍摄视场。

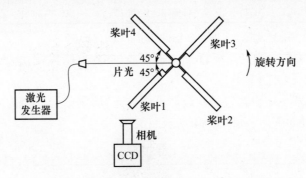

图 9-6 桨叶编号与触发采集方位角示意图

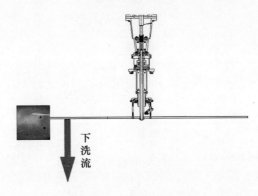

图 9-7 拍摄视场相对于旋翼位置示意图(见彩插)

旋翼悬停状态时其气动环境可认为是周期变化的,故可用某一片桨叶旋转90°方位角的流场特性代表其他桨叶的流场特性,且仅以这片桨叶为基准来研究。图9-9为旋翼悬停状态桨叶不同方位角的涡量云图和速度矢量图(拉力系数为0.01,对应总距约为8°)。

由图9-9(a)可以看出,依据矢量箭头,可以初步确定三片桨叶(1号、2号、3号)的桨尖涡位置从上往下依次约为(178mm,-86mm)、(246mm,-137mm)、(301mm,-256mm),且三者的涡龄角依次为11.25°、101.25、191.25°,桨尖涡呈现向下向里的运动规律;结合图9-8(b)~(h),可以看出,同一个桨尖涡随着涡龄角的增加,逐渐向下向里移动,直至耗散;同时,在$\psi=90°$时能明显看到后一片桨叶(3号)的桨尖涡已基本耗散。但若要从该试验得到准确的桨尖涡特性,还需对试验结果进行精细化处理,包括精细化的涡核中心判定、涡核流动数据提取以及涡核模型拟合等。

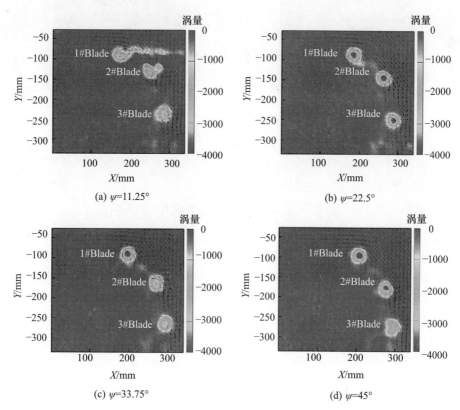

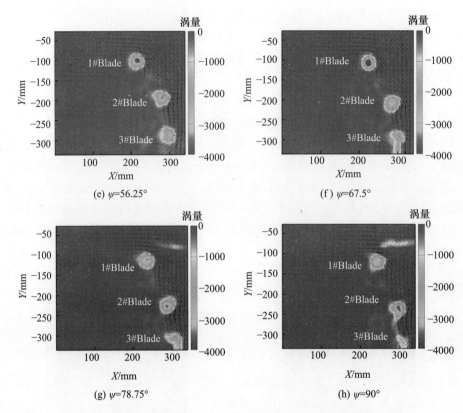

图9-8 旋翼悬停状态桨叶不同方位角的涡量云图和速度矢量图(见彩插)

9.5 垂直下降旋翼桨尖流场

试验在直径5m立式风洞进行,在桨尖马赫数相似的情况下,进行了不同旋翼总距、不同垂直下降速度的组合风洞试验,得到了旋翼气动载荷和旋翼桨尖周围流动信息。旋翼垂直下降状态时气动环境可认为是周期变化的,试验中取某一片桨叶旋转90°方位角的流场特性代表其他桨叶的流场特性,且仅以这片桨叶为基准来研究。图9-9为旋翼模型在直径5m立式风洞进行PIV试验。

流场信息利用大视场PIV试验测量系统进行采集,利用旋翼方位角外触发同步采集流场图像,试验触发采集方位角为45°,位于1号桨叶与4号桨叶中间(图9-10)。PIV相机分辨率为4008像素×2672像素,最大视场尺寸约为1200mm×800mm,最大采集频率为3帧/s(1.5对/s),使用MicroVec软件进行数值化图像处理。激光片光单脉冲最大能量为500mJ,脉冲宽度为6~-8ns,两激光器脉冲间隔可调整。试验得到的流场结果进行坐标系平移,转换到桨毂中

图9-9　直径5m立式风洞旋翼模型 PIV 试验

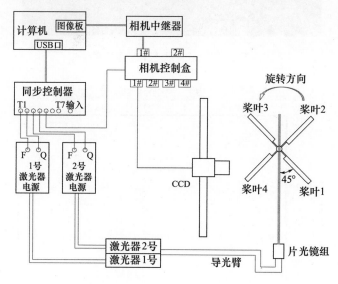

图9-10　二维 PIV 原理图以及片光触发采集方位角示意图

心为原点的坐标系中。示踪粒子由乙二醇与丙二醇的混合液蒸发产生,粒子释放前经过粒子沉降室沉淀过滤掉大直径的示踪粒子。

以悬停状态拉力系数 $C_t = 0.008$ 时,旋翼总距 $\theta_{0.7} = 7.4°$,为恒定值,改变下降速度,研究垂直下降时的流场,给出的流场矢量图(图9-12、图9-13、图9-15~图9-17)均为瞬时结果,黑色虚线代表旋翼桨盘位置(未考虑挥舞变形),红色圆圈代表桨尖涡,其半径大小不代表桨尖涡涡核半径大小。

由悬停状态的 PIV 原始图(图 9-11)可以看出,悬停时的流场具有清晰的滑流边界,桨盘下方的前 4 个涡元是由 4 片桨叶拖出的桨尖涡,各桨尖涡的涡龄角相差 90°,且滑流边界的桨尖涡从上至下整齐排列,并在内侧诱导出很强的下洗速度。由悬停状态速度矢量图(图 9-12)可以看出,旋翼尾流均是尾迹收缩、流速增加,流场特征基本一致,体现了悬停状态的准定常特性。

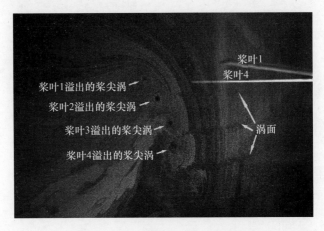

图 9-11 悬停状态 PIV 原始图

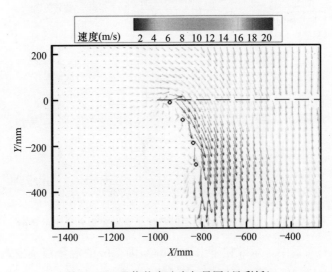

图 9-12 悬停状态速度矢量图(见彩插)

图 9-13 和图 9-14 分别为在 3m/s 的垂直下降速度下的速度矢量图和流线图。综合图 9-13 和图 9-14 可以看出,桨尖涡相对桨盘的位置被抬高,距离桨盘更近,且由于在向上自由来流作用下,螺旋形的桨尖涡结构被"压缩",各桨

尖涡之间间距减小,产生"涡对"现象,进而使桨尖涡的结构发生动态畸变,呈现高度非定常的特点。另外可以看出,此垂直下降速度下,"涡对"一般不会超过桨盘平面,但其结构的动态变化会引起桨盘诱导速度的变化,致使拉力和功率的均方根误差值有所增加。

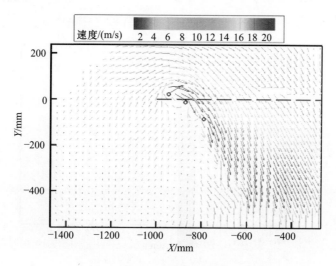

图 9-13 $V=3$m/s 时垂直下降状态速度矢量图(见彩插)

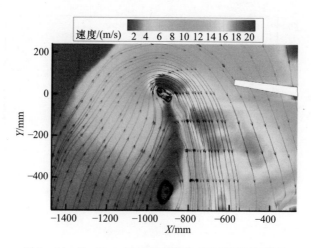

图 9-14 $V=3$m/s 时垂直下降状态流线图(见彩插)

图 9-15 为垂直下降速度为 8m/s 时,两个不同时刻的速度矢量图。由图可以看出,同一状态不同时刻的速度矢量差别较大,桨尖涡位置也不重合,表明其流场结构不稳定。流场特性的巨大差异势必导致旋翼气动载荷的波动,这在测量的旋翼载荷中也得到了印证。另外还可以看出,t_1 时刻生成的桨尖涡位于桨

盘下方,该时刻下洗流场的边界较 t_2 时刻的更靠外侧,且 t_1 时刻的桨盘垂向速度分布与悬停时差别不大,但其内侧向下的垂向速度则大大增加;t_2 时刻生成的桨尖涡位于桨盘上方,并随即被卷入桨盘下方,此时桨盘上的最大垂向速度位置以及整个下洗流边界向内侧移动,桨-涡干扰现象严重。

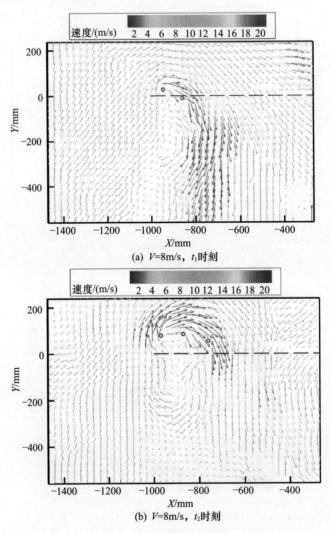

(a) $V=8\text{m/s}$,t_1 时刻

(b) $V=8\text{m/s}$,t_2 时刻

图 9-15 垂直下降状态速度矢量图(见彩插)

图 9-16 为垂直下降速度为 9m/s 时,三个不同时刻的速度矢量图。由图可以看出,此下降速度下,三个时刻的流场结构差异巨大,形成的巨大"气泡"("涡环")盘踞在桨盘附近,导致旋翼拉力和旋翼功率均方根误差值急剧增加。

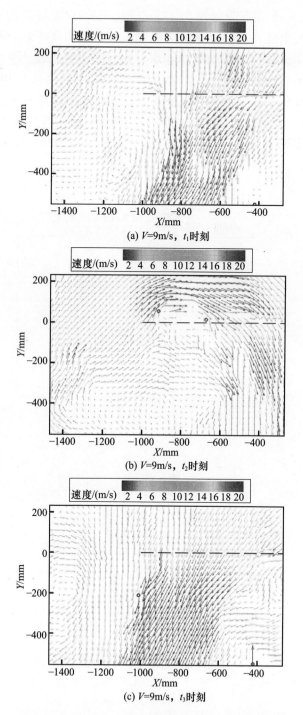

图 9-16 垂直下降状态速度矢量图(见彩插)

图 9-17 为垂直下降速度为 17m/s 时，三个不同时刻的速度矢量图。由图可以看出，虽然在不同时刻桨尖涡相对桨盘的位置不同，但流场的结构基本一致，故其旋翼拉力和旋翼功率均方根误差值差别较小。另外，由图还可以看出，该垂直下降速度下，桨尖涡在较大的向上来流作用下向上方运动，并且未被卷入桨盘内；桨盘上分布的向下的垂向速度比悬停时减小，在桨盘内侧出现向上的速度，并分布有旋转方向与桨尖涡旋转方向相反的涡（这是向上的风洞来流和向下的诱导速度相遇产生的）。在桨盘内侧出现向上的速度会对旋翼产生一个向上的推力，从而使较小的旋翼功率能产生较大的旋翼拉力。

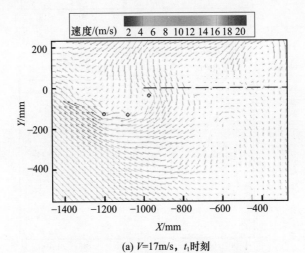

(a) V=17m/s，t_1时刻

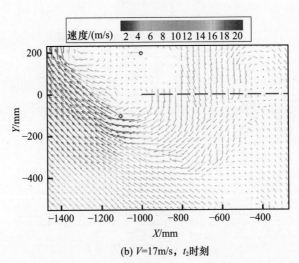

(b) V=17m/s，t_2时刻

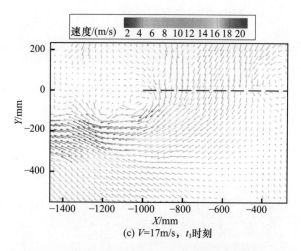

(c) $V=17\text{m/s}$,t_3时刻

图 9-17 垂直下降状态速度矢量图(见彩插)

通过旋翼模型垂直下降状态气动特性试验研究,分析不同下降速度条件下旋翼模型流场的演化发展过程,可以发现:桨尖涡的结构是不稳定的,这种不稳定与相邻桨尖涡之间的距离成反比;当相邻桨尖涡靠近时,会产生"涡对"结构,进而诱导桨尖涡结构发生变化;尖涡聚集形成"涡环"以及涡环结构的动态演化是引起进入涡环状态后旋翼性能突变的关键因素;当来流速度为 17m/s 时,桨尖涡系不在桨盘附近聚集而向桨盘平面上方运动,并且来流速度可抵消旋翼产生的诱导速度,在桨盘内侧出现向上的速度。此外,大视场 PIV 试验测量系统能捕捉到尺度较大的涡环,有助于对该状态的流场结构进行详细研究。

9.6 前飞旋翼流场的 PIV 测量

前飞旋翼流场试验的旋翼模型为桨尖马赫数相似模型,旋翼直径为 4m,共 4 片桨叶,桨叶基本弦长 0.1635 m;桨叶负扭角为 -12°;铰接式桨毂,桨毂半径为 0.3m,桨尖为抛物线后掠型。

试验在 CARDC 8m×6m 风洞进行(图 9-18),使用六自由度移测架作为 PIV 测量的支撑平台,相机的分辨率为 4008 像素×2672 像素,采集速率为 3 帧/s;使用粒子投放移测架为粒子发生器及粒子扩散装置的支撑平台,采用乙二醇与丙二醇的混合物作为示踪粒子;采用直径 4m 旋翼/机身组合模型试验台安装模型,并且实现模型主轴倾角及拉力系数等参数的变化。

试验是在给定拉力系数、旋翼轴倾角、风速和转速条件下,操纵总距和周期

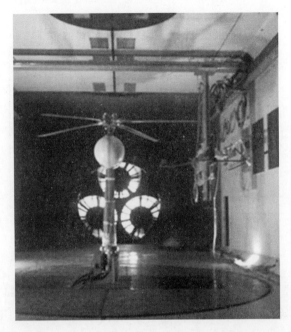

图9-18 前飞旋翼PIV测量试验(见彩插)

变距到配平状态,采用PIV技术测量前飞状态下旋翼两侧(对称)桨尖涡的位置和尾迹边界。以桨毂中心为参考点,沿流向测量截面位置分别为0R、0.5R、1R、1.5R、2R、2.5R、3R。在桨叶前行侧,以一片桨叶的后缘处作为0R处测量截面,如图9-19所示。

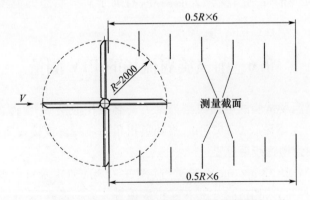

图9-19 测量截面俯视示意图(见彩插)

PIV系统采用外同步触发模式,通过试验台上的编码器按照测量方位角进行锁相触发,触发方位角为0°、30°、60°。采集过程中,旋翼每旋转18圈,编码器就发出一个脉冲TTL触发信号,测量的视场范围为800mm×533mm。

试验过程中,同一试验条件下每个测量剖面采集试验图片 9 对(18 幅),使用 MicroVec 软件进行处理,选取测量结果较好的几对进行平均作为最终结果,输出按照视场坐标系给出的数据文件,然后利用 Tecplot 软件绘制速度矢量图和流线图,并给出涡量云图。

图 9-20、图 9-21 分别给出了在风速 $V=20\text{m/s}$、拉力系数 $C_\text{t}=0.008$、横向测量位置 $Z=5\text{m}(2.5R)$、方位角 $\Phi=0°$ 时,旋翼前行桨侧和后行桨侧测量剖面的流线图、速度矢量图和涡量云图。图中清楚地显示了桨尖涡的位置及大小,为确定尾迹边界及桨尖涡的耗散特性奠定了基础。

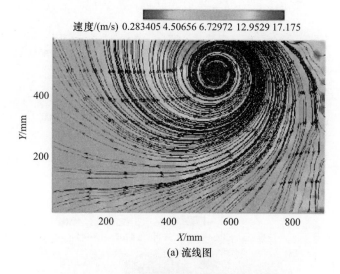

(a) 流线图

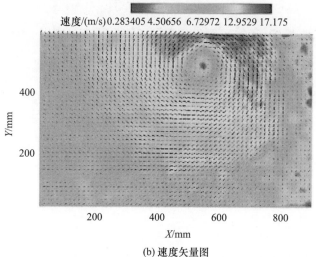

(b) 速度矢量图

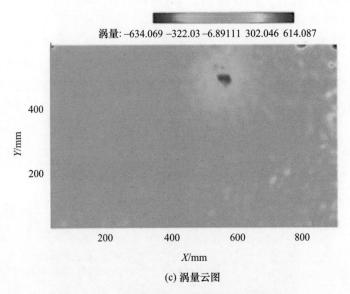

(c) 涡量云图

图 9-20 桨叶前行侧 PIV 测量结果(见彩插)

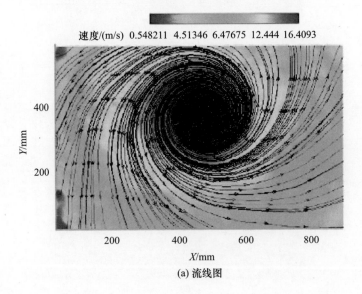

(a) 流线图

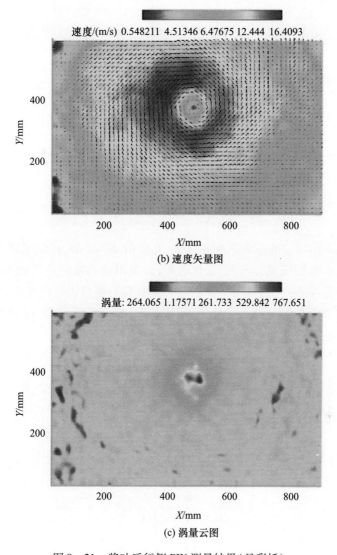

图 9-21 桨叶后行侧 PIV 测量结果（见彩插）

图 9-22 给出了在不同试验条件下，方位角 $\varPhi=0°$ 时，涡量值沿流向的变化曲线。由图可以看出：相同状态下，旋翼两侧产生的涡量值基本相当。尾迹距离越远，两侧产生的涡的绝对值就会减小，并且在超出桨盘半径（≥2m）后，产生的涡量约为一常值。在前行桨侧，风速越高，产生的涡量值越小；在后行桨侧，风速越高，产生的涡量值越大。另外，同一风速条件下，拉力系数越大，前行桨侧的涡量值越大，后行桨侧的涡量值动态变化，规律性不明显。

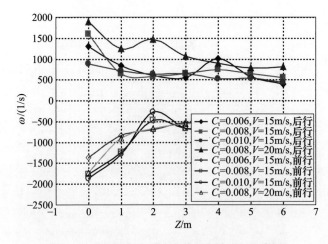

图 9-22　涡量大小随流向位置的变化(见彩插)

图 9-23 给出了在不同试验条件下,方位角 $\Phi=0°$ 时,径向尾迹边界沿流向的变化曲线。由图可以看出:前飞状态下,旋翼尾迹沿径向的收缩很急剧,并且两侧的收缩范围不同,风速 $V=15\text{m/s}$ 时,旋翼前行侧最大可收缩至 $0.65R$,而后行侧最大收缩至 $0.78R$ 处。另外,相同状态下,拉力系数越大,径向边界收缩范围越小,风速越大,收缩范围越大。

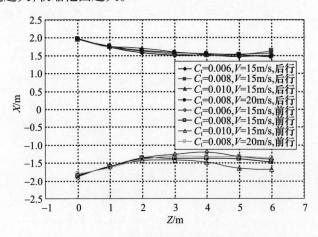

图 9-23　径向尾迹边界随流向位置的变化

图 9-24 给出了在不同试验条件下,方位角 $\Phi=0°$ 时,垂向尾迹边界沿流向的变化曲线。由图可以看出:前飞状态下,旋翼尾迹沿流向逐渐下降,下降距离与流向距离基本上呈线性关系。相同状态下,前行桨侧下降的距离比后行桨侧要大。另外,拉力系数越大,垂向边界下降的距离越大;风速越大,垂向边界下降的距离越小。

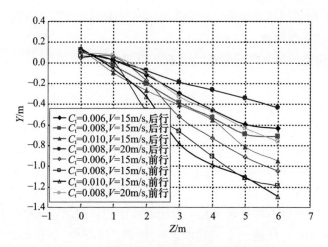

图 9 - 24 垂向尾迹边界随流向位置的变化

9.7 涡核后处理方法

宏观上,旋翼桨尖涡是呈螺旋形的三维涡线,悬停时桨尖涡系向旋翼下方移动。基于 PIV 的桨尖涡识别及定位的目的是在 PIV 测量得到的平面速度矢量与测量平面相交的桨尖涡涡核识别出来,并确定其中心位置坐标。

从平面上的速度矢量中一般可以依据速度矢量的旋转分布(矢量箭头或流线)识别旋涡。依据旋转的速度矢量来辨别旋涡比较直观,但是当旋涡叠加上迁移速度时其旋转中心位置会发生变化,典型如图 9 - 25 所示(拉力系数为 0.01,对应总距为 8°),桨尖涡有向旋翼下方迁移的速度,采用流线旋转中心定位的中心实际距离真正的涡量中心有大约 6.1mm 的误差(大约是涡核半径的

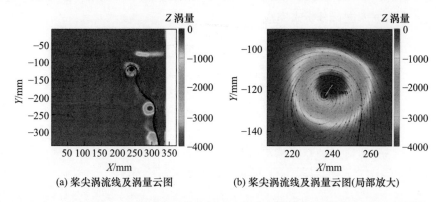

(a) 桨尖涡流线及涡量云图　　(b) 桨尖涡流线及涡量云图(局部放大)

图 9 - 25　旋涡叠加上平移速度后其旋转中心位置与涡量中心位置的差别(见彩插)

1/4),因此不能采用速度矢量旋转中心来确定涡核中心(CV)位置,而要采用实践中更准确的涡量判据。

涡量的定义为 $\omega = \nabla \times V$,在二元情况下,涡量的 z 分量为

$$\omega = \frac{\mathrm{d}u}{\mathrm{d}y} - \frac{\mathrm{d}v}{\mathrm{d}x} \tag{9-1}$$

涡核是涡量集中的区域,因而理想的涡核模型是在涡核中心处涡量达到峰值,可根据涡量集中的区域识别桨尖涡,使用涡量的极值判断涡核中心位置。但是 PIV 测量结果中的涡量是离散化的,通过搜寻各节点涡量中的最大值来判断涡核中心位置存在离散误差。此外,实际的涡核自身不稳定或者受到扰动后可能存在变形,一般也不容易通过人工判读涡核中心。因此,一般采用加权平均公式来计算涡量中心,从而定义涡核中心。对于二维问题,涡量中心采用下式来确定:

$$CV = \frac{\sum_{k}(\omega_z)k \cdot (x_k, y_k)}{\sum_{k}(\omega_z)k} \tag{9-2}$$

9.7.1 桨尖涡的轨迹

图 9 - 26 为旋翼运行 1/4 圈测量得到的瞬态桨尖涡涡核位置构成的连续轨迹,从不同桨叶拖出的桨尖涡轨迹用不同颜色的曲线显示,可以看到 1 号桨叶与 2 号桨叶的桨尖涡轨迹有良好的连续性,但是 2 号桨叶与 3 号桨叶的桨尖涡轨迹有间断,这说明悬停旋翼的流场其中存在着某些干扰因素使得各个叶片的桨尖涡轨迹不是稳定重复性的,存在涡核随机跳动现象。本节受限于样本数量还不充足,无法反映涡核随机跳动的统计分析结果,这在未来的工作中可以通过获取大样本数据库进行分析来完成。

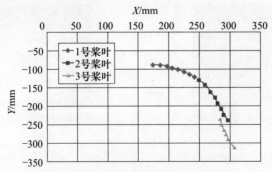

图 9 - 26 悬停状态桨尖涡位置测量值(见彩插)

桨尖涡涡核流动数据的提取。在实际的桨尖涡内部流动中,其旋涡结构是分层的,如图 9-27 所示,最内部的区域 1 为分层的层流流动,区域 2 为层流和湍流的混合区域,区域 3 为完全发展的湍流区域。区域 1 内的周向诱导速度分布类似于刚体旋转运动,区域 2 为过渡区域,区域 3 的周向诱导速度为符合 B-S 定理的势流区域。

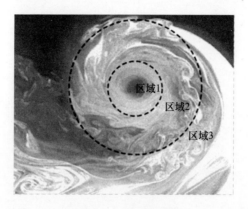

图 9-27 桨尖涡结构

由于桨尖涡测量结果的非周期性,直接将各时刻的测量结果平均,这会抹平桨尖涡特性,使涡核半径增大而涡强度减小。图 9-28 为各种处理方法得到的桨尖涡切向诱导速度,直接平均处理得出的桨尖涡切向诱导速度峰值显著小于直接从瞬态测量中提取的结果。为了得到有统计意义的周期性结果,需要对各瞬态的测量结果条件平均:将不同时刻的测量结果对涡核中心平移对准后平均,或从各瞬态测量结果中提取涡核半径和涡强度平均。取周向诱导速度最大的半径位置即为桨尖涡涡核半径。

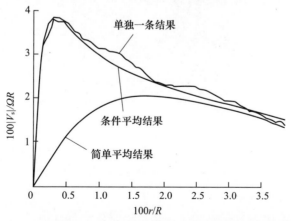

图 9-28 从条件平均、直接平均、瞬态结果中提取的诱导速度分布

涡核中心确定后,将绕桨尖涡流动的速度矢量减去涡核中心的速度矢量,可得到绕涡核中心的周向诱导速度分布,简单地可以取 0°、90°、180°、270°象限方向的周向诱导速度分布来获得涡核尺寸和最大诱导速度(图 9 – 29),但是这种方法获得的涡核尺寸和最大诱导速度不确定度较大。

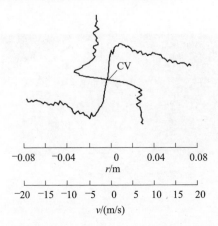

图 9 – 29　典型取 0°、90°、180°、270°的周向诱导速度分布

因此采用基于环量分析的方法,来更加合理、可靠地确定涡核尺寸和最大诱导速度参数。从涡量 – 环量 – 诱导速度关系(图 9 – 30)可知

$$\Gamma = \int \omega \cdot d\boldsymbol{A} = \oint \boldsymbol{V} \cdot d\boldsymbol{l} \tag{9-3}$$

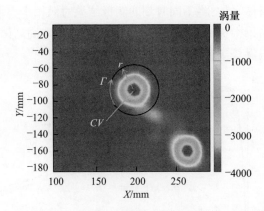

图 9 – 30　典型取 11.25°尾迹角桨尖涡的象限方向涡量 – 环量 – 诱导速度关系图示(见彩插)

因此,通过涡量的面积积分可以获得不同积分半径下的环量。以 11.25°尾迹角状态为例,图 9 – 31(a)获得了环量沿径向分布曲线,再根据 $v = \Gamma/2\pi r$ 就可

以获得周向诱导速度随半径的变化曲线,如图9-31(b)曲线的极值点对应的就是涡核半径(0.018m)和最大诱导速度(21.6m/s)。

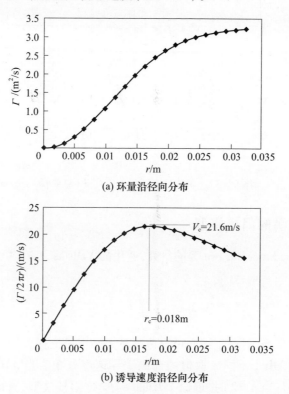

(a) 环量沿径向分布

(b) 诱导速度沿径向分布

图9-31 尾迹角11.25°状态下桨尖涡环量和诱导速度沿径向分布

图9-32和图9-33为旋翼运行1/4圈测量得到的桨尖涡涡核半径和涡核最大诱导速度的变化曲线。由图可以看出,桨尖涡涡核半径随尾迹角有缓慢增大趋势,涡核最大诱导速度随尾迹角有缓慢减小趋势。

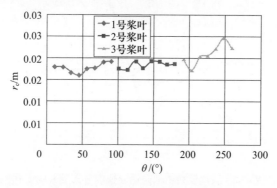

图9-32 涡核半径变化(见彩插)

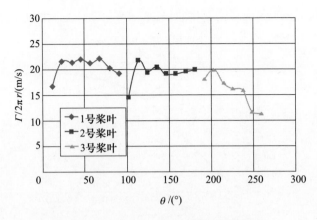

图 9-33 涡核最大诱导速度变化(见彩插)

9.7.2 桨尖涡的涡核模型

根据 Mahendra J. Bhagwa 等的研究,通用的 Vatistas 涡核模型计算诱导速度公式为

$$v = \frac{r\Gamma}{2\pi(r^{2n} + r_c^{2n})^{1/n}} \quad (9-4)$$

式中:r_c 为涡核半径,对应于周向诱导速度最大的半径位置。

图 9-34 给出了不同 n 取值的周向诱导速度分布。当 $n=1$ 时,对应的是 Scully 涡核模型;当 $n=2$ 时,近似于 Lamb – Oseen 涡核模型;当 $n=\infty$ 时,对应的是 Rankine 涡核模型。

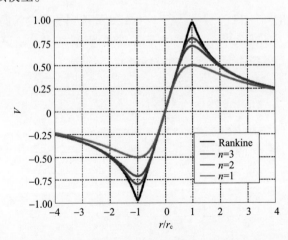

图 9-34 Vatistas 涡核模型中轴向诱导速度分布随 n 的变化(见彩插)

图 9-35 再次以 11.25°尾迹角状态为例,根据诱导速度沿径向分布拟合出的 $n \approx 1.6$,说明此时的涡核介于 Scully 涡和 Lamb-Oseen 涡之间,但更类似于 Lamb-Oseen 涡(考虑 n 变化对曲线形状的影响是非线性的)。图 9-36 为旋翼运行 1/4 圈测量得到的不同桨叶桨尖涡拟合出的桨尖涡模型 n 值变化曲线。尾迹角为 11.25°~90°时,n 的均值约为 1.6;尾迹角为 101.25°~180°时,n 的均值约为 1.6;尾迹角为 191.25°~258.75°时,n 的均值约为 1.41,并且有减小趋势,向着 Scully 涡靠近。此外可以看出:尾迹角为 101.25°~180°时,桨尖涡 n 值波动幅度较小,相对较为稳定;尾迹角为 11.25°~90°和 101.25°~180°时,桨尖涡 n 值波动幅度较大,可能与桨尖涡生成和衰减阶段的不稳定性有关。

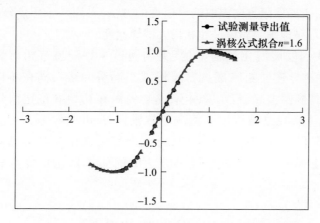

图 9-35 尾迹角 11.25°状态下拟合出的曲线(见彩插)

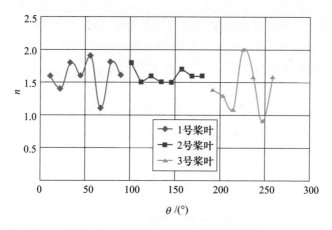

图 9-36 拟合出的 n 值变化(见彩插)

结合旋翼悬停状态流场测量试验,针对桨尖涡特性分析中的涡核中心判定、瞬态桨尖涡连续轨迹、涡核流动数据提取以及涡核模型拟合等技术问题,可得到以下结论:

(1) 依据速度矢量的旋转分布来人工判读涡核中心具有较大的不确定性,尤其是涡核随来流迁移情况下误差较大,在本实例中可以达到涡核半径的1/4。相对而言,采用基于涡量加权平均的方法来计算涡核中心位置可以消除涡核中心平移速度的影响,并且理论依据更充分,适用性更广。

(2) 采用基于连续瞬态测量的结果来分析桨尖涡的轨迹,该方法更贴近实际、更有物理意义,未来可以通过大样本数据库的分析来完成涡核随机跳动的统计分析。

(3) 相对于四象限方向提取诱导速度的方法,采用基于环量分析的方法可以更加合理、可靠地确定涡核尺寸和最大诱导速度。

(4) 桨尖涡发展演化过程中,桨尖涡涡核半径随尾迹角有缓慢增大趋势,涡核最大诱导速度随尾迹角有缓慢减小趋势。桨尖涡在不同发展阶段具有不同的涡核模型 n 参数,总体来说桨尖涡在初始和稳定阶段更类似于 Lamb – Oseen 涡,在衰减阶段 n 值减小逐渐向 Scully 涡靠近。此外,桨尖涡在不同发展阶段 n 的波动程度不同,可能与桨尖涡生成和衰减阶段的不稳定性有关。上述分析结果对于尾迹方法中的涡核修正计算有较大的参考意义。

9.8 发展趋势分析

基于光学方法的非接触测量技术作为一种无干涉、高效率的流场定量解析测量工具,在旋翼流场研究中必将发挥越来越重要的作用。目前,国内外都将 PIV 作为主要的测量研究手段,但是在针对旋翼流场的工程应用中还需要更深入的发展,主要体现在以下几个方面:

(1) 发展利用 PIV 测量旋翼动态尾流场的试验技术,其中需要解决好粒子布撒均匀性、测量区域的标定和采集信号同步触发的问题。

(2) 旋翼尾迹的测量覆盖面积要增加,PIV 测量的分辨率需提高,采用体视 PIV 甚至三维层析 PIV 技术进行测量,以便更翔实地反映旋翼空间流场的立体结构。

(3) 在测量桨尖涡时,对旋翼的拉力进行同步测量,进一步对桨叶变形、桨叶表面压力分布进行同步测量,以便定量分析桨尖涡与旋翼状态的关系,为建立数学模型提供更可靠的依据。

（4）进一步完善数据后处理流程,在涡核的准确高效识别、涡核流动参数提取、涡核模型拟合等方面采用更精细、可信度更高的方法,为研究桨尖涡生成、演化机理提供数据支撑。

参 考 文 献

[1] 豫章. 直升机发展概述[J]. 直升机技术,2003(4).

[2] Harrison R J,Stacey S A. BERP Ⅳ – The Design,Development and Testing of an Advanced Rotor Blade[C]. 64th American Helicopter Society Forum,2008.

[3] Bousman W G. Aerodynamic Characteristics of SC1095 and SC1094 R8 Airfoils[R]. NASA/TP – 2003 – 212265.

[4] 王适存. 直升机旋翼空气动力学的发展[J]. 南京航空航天大学学报,2001,33(3):203 – 211.

[5] 王适存. 直升机空气动力学[M]. 北京:航空工业出版社,1985.

[6] Perry F J. Aerodynamics of the World Speed Record[C]. 43rd Annual Forum of the American Helicopter Society,1987.

[7] Norman T R,Shinoda PM,Kitaplioglu C,et al. Low – Speed Wind Tunnel Investigation of a Full – Scale UH – 60 Rotor System[C]. American Helicopter Society 58th Annual Forum,Montreal,Canada,2002.

[8] 艾伦·波普,等. 低速风洞试验[M]. 范洁川,等译. 北京:国防工业出版社,1977.

[9] 恽起麟. 实验空气动力学[M]. 北京:国防工业出版社,1991.

[10] 黄明其. 直升机风洞试验[M]. 北京:国防工业出版社,2014.

[11] 恽起麟. 风洞实验数据的误差与修正[M]. 北京:国防工业出版社,1996.

[12] Kufeld R M. Measurement of the UH – 60A Hub Large Rotor Test Apparatus Control System Stiffness [R]. NASA/TM – 2014 – 216649,2014.

[13] Norman T R,Shinoda P M,Peterson R L,et al. Full – Scale Wind Tunnel Test of the UH – 60A Airloads Rotor[C]. American Helicopter Society 67th Annual Forum,Virginia Beach,VA,May 2011.

[14] Norman T R,Shinoda P M,Kitaplioglu C et al. Low – Speed Wind Tunnel Investigation of a Full – Scale UH – 60 Rotor System[C]. American Helicopter Society 58 Annual Forum,Montreal,Canada,June,2002.

[15] 杨炯,张家骥,黄明其,等. 高精度旋转模型分量载荷及扭转测量装置:CN201069404Y[P]. 2008 – 06 – 04.

[16] 王勋年. 低速风洞试验[M]. 北京:国防工业出版社,2002.

[17] 周林,等. 数据采集与分析技术[M]. 西安:西安电子科技大学出版社,2002.

[18] 马尔丹诺夫,等. 直升机空气动力学的实验研究[M]伊林士,译. 北京:国防工业出版社,1974.

[19] 彭先敏,章贵川,黄安,等. 旋转环境下弱小信号无线遥测系统研制[J]. 测控技术,2016,35(7):52-55.

[20] 彭先敏,章贵川,黄明其,等. 一种风洞试验旋翼操纵机构:ZL 201621100008.6[P]. 2017-04-26.

[21] Klausdieter Pahlke. Chimera Simulations of Multibladed Rotors in High-Speed Forward Flight with Weak Fluid-Structure-Coupling [C]. 29th European Rotorcraft Forum, Friedrich shafen, 16-18 September 2003.

[22] Goepel C, van der Wall B G. Berechnung der induzierten Geschwindigkeiten des Rotorversuchsstandes ROTEST im DNW[R]. DLR IB 111-89/27,1989.

[23] Lim J W, Tung Chee, Yu Yung H. HART-II: Prediction of Blade-Vortex Interaction Loading[C]. 29th European Rotorcraft Forum, Friedrich shafen, 16-18 September 2003.

[24] 袁红刚,杨永东,黄明其. ϕ4m 旋翼/机身组合模型试验台及应用[J]. 直升机技术,2007,149(1):41-45.

[25] 黄明其,兰波,王天虹. ϕ2m 旋翼模型试验台悬停和前飞试验[J]. 直升机技术,2008,155(3):121-124.

[26] 黄明其,兰波,杨永东. ϕ5m 立式风洞直升机垂直升降试验台研制[J]. 实验流体力学,2013,27(5):94-97.

[27] Johannes M. vanAken. Analysis of Calibration Data for the Multi-Component Rotor Balance Installed in the NFAC Large Rotor Test Apparatus[C]. 45th AIAA Aerospace Sciences Meeting and Exhibit, Reno, Nevada, January 8-11, 2007.

[28] 高正,辛宏. 直升机涡环区域边界包线的确定[J]. 气动试验与测量控制,1996,10(1):14-19.

[29] 孙晶,范薇,宋亚娇. 温/压敏漆制备及表征[M]. 北京:国防工业出版社,2013.

[30] Liu T, Sullivan J P. 压力敏感涂料与温度敏感涂料[M]. 周强,陈柳生,等译. 北京:国防工业出版社,2012.

[31] Brown O C. Low-speed pressure measurements using a luminescent coating

system[D]. Ph. D. Thesis, Department of Aeronautics and Astronautics, Stanford University,2000.

[32] Bell J,Application of Pressure – Sensitive Paint to testing at Very Low Speeds [R],AIAA 2004 – 0878.

[33] Sant Y L,Mérienne M C. Surface pressure measurements by using pressure – sensitive paints[J]. Aerospace Science and Technology 9 (2005) 285 – 299.

[34] 徐国华,招启军. 直升机旋翼计算流动力学的研究进展[J]. 南京航空航天大学学报,2003,35(3):338 – 344.

[35] 李萍,庄开莲,李静. 国外直升机旋翼翼型研究综述[J]. 直升机技术,2007 (3): 103 – 109.

[36] 袁红刚,杨永东,杨炯,等. 典型直升机旋翼翼型气动特性试验研究[J]. 实验流体力学,2013,27(1): 20 – 24.

[37] 卢勇. 自适应壁风洞原理应用于洞壁干扰修正的研究[D]. 西安:西北工业大学,2007.

[38] 张其威. 适用于任意壁的二维亚跨音速洞壁干扰修正法[J]. 空气动力学学报,1987,5(2): 132 – 140.

[39] 张其威. 壁压法用于高速风洞洞壁干扰修正[J]. 南京航空航天大学学报,1992 (5): 496 – 505.

[40] Ulbrich N,Boone A R. Validation of a wall interference correction system for a transonic wind tunnel[R]. AIAA 2004 – 605.

[41] 范洁川. 风洞试验手册[M]. 北京:航空工业出版社,2002.

[42] 钟世东,李巍,苏继川,等. 三种跨声速洞壁干扰修正方法及其在小展弦比飞翼标模试验中的应用[J]. 空气动力学学报,2016,34(1): 113 – 118.

[43] Akiko H,Shigeru K I,Toshimi F,et al. Wall Interference Correction by the Panel Method for the JAXA Low Speed Wind Tunnel[R]. JAXA – RR – 07 – 026,2008.

[44] 范召林,张玉伦,贺中. 跨音速飞机模型实验洞壁干扰数值模拟的初步研究[J]. 航空学报,1997,18(2): 210 – 214.

[45] Mokry M,Ohman L H. Application of the Fast fourier transform to two dimensional wind tunnel wall interference[J]. Aircraft,1980,17(6): 402 – 408.

[46] Mokry M,Digney J R. Poolet R J D. Doublet panel method for half model wind tunnel corrections[J]. AIRCRAFT,1987,24(5): 322 – 327.

[47] 范召林,崔乃明,恽起麟. 壁压法应用于高速风洞大迎角实验洞壁干扰的修正[J]. 空气动力学学报,1991,9(2): 243 – 250.

[48] Mokry M. Two-Dimensional Wind Tunnel Wall Interference [R]. AGARD. AG-281,1990.

[49] Langer H J, Peterson R L, Maier T H. An Experimental Evaluation of Wind Tunnel Wall Correction Methods for Helicopter Performance [C]. AHS 52nd Annual Forum,1996.

[50] Langer H J, Zhang Zhenfang, Shen Limin. Results from a Rotor Data Correlation Program performed in the CARDC and DNW Wind Tunnels [R]. DLR IB 111-93/91,1993.

[51] Key C, Veigh, Mc. Considerations on the estimation of full-scale rotor performance from model rotor test data [C]. 39th AHS Forum, May 1983.

[52] Heyson H H. Jet-Boundary Corrections for Lifting Rotors Centered in Rectangular Wind Tunnel [R]. NASA TR R-71,1960.

[53] Heyson H H. Linearized Theory of Wind Tunnel Jet-Boundary Corrections and Ground Effect for VTOL-STOL Aircraft [R]. NASA TR R-124,1962.

[54] Heyson H H. Use of Superposition in Digital Computers to Obtain Wind-Tunnel Interference Factors for Arbitrary Configurations, With Particular Reference to V/STOL Models [R]. NASA TR R-302,1969.

[55] 艾伦·波普,约翰丁·哈珀. 低速风洞试验[M]. 彭锡铭,严俊仁,石佑伦,等译. 北京:国防工业出版社,1977.

[56] 约翰逊 W. 直升机理论[M]. 孙如林,译. 北京:航空工业出版社,1991.

[57] 章梓雄,董曾南. 粘性流体力学[M]. 北京:清华大学出版社,1998.

[58] 孙正荣,杨永东. 悬停及前飞状态下旋翼/机身的气动力干扰[J]. 气动实验与测量控制,1994,8(3):40-46.

[59] HankerJr E J, Smith R P. Parameters Affecting Helicopter Interactional Aerodynamics in Ground Effect[J]. Journal of the American Helicopter Society, January 1985,30(1):52-61.

[60] Balch D T. Experimental Study of Main Rotor/Tail Rotor/Airframe Interaction in Hover[J]. Journal of the American Helicopter Society, April 1985,30(2): 49-56.

[61] Smith C A. Aerodynamic Loads Induced by a Rotor on a Body of Revolution [J]. Journal of the American Helicopter Society, January 1986, 31(1): 29-36.

[62] Leishman J G, Bi N P. Aerodynamic Interactions Between a Rotor and a Fuselage in Forward Flight[J]. Journal of the American Helipcopter Society, July

1990,35(3):22 -31.

[63] Zori L A J,Mathur S R,Rajagopalan R G. Three – Dimensional Calculations of Rotor – Airframe Interaction in Forward Flight[C]. Proceedings at the 48th Annual Forum of the American Helicopter Society,June 1992(1):489 -512.

[64] Ghee T A,Elliott J W. The Wake of a Small – Scale Rotor in Forward Flight Using Flow Visualization[J]. Journal of the American Helicopter Society,July 1995,40(3):52 -65.

[65] 孙正荣. CARDC 8 米 ×6 米风洞直升机旋翼机身组合模型试验台研制[J]. 气动实验与测量控制,1991,5(4):53 -58.

[66] Wiesner J F,Kohler G. Tail Rotor Performance in Present of Main Rotor,Ground,and Winds[J]. Journal of the American Helicopter Society,1974,19(3).

[67] Leishman J G,Validation of Approximate Indicial Aerodynamic Functions for Two – Dimensional Subsonic Flow[J]. Journal of Aircraft,1988,25(10):914 -922.

[68] Leishman J G,Crouse,G L,State – Space Model for Unsteady Airfoil Behavior and Dynamic Stall[C]. Proceedings of the 30th AIAA/ASME/ASCE/AHS/ASC Structures,Structural Dynamics and Materials Conference,1989.

[69] Johnson W. Milestones in RotorcraftAeromechanics[J]. Journal of the American Helicopter Society,2011,56(3):1 -24.

[70] Hodges D H,Ormiston R A. Stability of Elastic Bending and Torsion of Uniform Cantilever Rotor Blades in Hover with Variable Structural Coupling[R]. NASA TN D -8192,1976.

[71] Houbolt J C,Brooks G W. Differential equations of motion for combined flapwise bending,chordwise bending and torsion of twisted nonuniform rotor blades[R]. NACA Report,1346,1958.

[72] Hodges D H,Dowell E H. Nonlinear Equations of Motion for the Elastic Bending and Torsion of Twisted Nonuniform Rotor Blades[R],NASA TN D -7818,1974.

[73] Hong C H,Chopra I. Aeroelastic Stability Analysis of a Composite Rotor Blade[J]. Journal of the American Helicopter Society,1985,30(2):57 -67.

[74] Ganguli R,Chopra,I. Aeroelastic Optimization of a Helicopter Rotor with Composite Tailoring [C],Proc. 49th AHS Forum,St. Louis,Missouri,1993:1335 -1368.

[75] Kim K C,Chopra I. Aeroelastic Analysis of Swept,Anhedral,and Tapered Tip

Rotor Blades[J], Journal of the American Helicopter Society,1992,37(1): 15 - 30.

[76] Johnson W. Helicopter Theory [M]. Princeton University Press,1980.

[77] 黄明其,邢霞,孙正荣. 模型旋翼风洞试验中变距拉杆载荷的测量[J]. 流体力学实验与测量,1999,13(4):45 - 49.

[78] Laxman V, Venkatesan C. Rotor Blade Dynamic Stall Model and Its Influence on Airfoil Response[C]. 47th Aiaa/asme/asce/ahs/asc Structures, Structural Dynamics, and Materials Conference,2006.

[79] 周瑞兴,上官云信,解亚军,等. 两种厚度翼型动态失速特性的研究[J]. 西北工业大学学报,1999(3):475 - 479.

[80] 林永峰,黄建萍,黄水林,等. 直升机旋翼翼型动态失速特性试验研究[J]. 航空科学技术,2012(4):25 - 28.

[81] Leishman, Galbraith. Collected data for Oscillatory Pitch Tests on NACA 23012 airfoil[R], Report No. GU - 8600, University of Glasgow,1986.

[82] Beddoes T S. Prediction Methods for Unsteady Separation Flows[R], A Special Course on Unsteady Aerodynamics, AGARD Report 678,1979.

[83] Beddoes T S. Representation of Airfoil Behaviour[R], AGARD Specialists Meeting on Prediction of Aerodynamic Loads on Rotorcraft, AGARD CP - 334, 1982.

[84] Beddoes T S. A Generalized Model for Airfoil Unsteady Aerodynamic Behaviour and Dynamic Stall Using the Indicial Method[C],42nd. Annual Forum of the AHS, Washington D. C. ,1986.

[85] Wood M E. Results of Oscillatory Pitch and Ramp Tests on the NACA 0012 Blade Section[R]. A. R. A. Memo. 220. 1979.

[86] Sopher R, Duh J E. Prediction of Control System Loads in Level Flight and Maneuvers[C], 50th Annual National Forum of the AHS, Washington, D. C. ,1994.

[87] Ormiston, Hodges. Linear Flap - lag Dynamics of Hingeless Helicopter Rotor Blades in Hover[J]. Journal of the AHS,1972,17.

[88] Houbolt, Brooks. Differential Equations of Motion for Combined Flapwise Bending, Chordwise Bending, and Torsion of Twisted Nonuniform Rotor Blade[R]. NACA 1346,1958.

[89] Hodges, Dowell. Nonlinear Equations of Motion for the Elastic Bending and Torsion of Twisted Nonuniform Blades[R]. NASA TN D - 7818, Dec. 1974.

[90] Hong, Chopra. Aeroelastic Stability Analysis of a Composite Bearingless Rotor Blade[J]. Journal of the AHS,1985,31(4).

[91] Hong, Chopra. Aeroelastic Stability Analysis of a Composite Blade[C]. 40th Annual National Forum of the AHS, Crystal City, Virginia, 1984.

[92] Smith, Chopra. Aeroelastic Response and Blade Loads of a Composite Rotor in Forward Flight[R]. AIAA. Inc. ,1992.

[93] Sivaneri, Chopra. Finite Element Analysis for Bearingless Rotor Blade Aeroelasticity[C]. 38th Annual National Forum of the AHS, Anaheim, California, 1982.

[94] Panda, Chopra. Flap – Lag – Torsion Stability in Forward Flight[C]. Second Decennial Specialists Meeting on Rotorcraft Dynamics, NASA Ames Research Center, Moffett, California, 1984.

[95] Panda, Chopra. Dynamics of Composite Rotor Blade in forward Flight [J]. Vertica,1987,11(1/2).

[96] Hodges, Ormiston, and Peters. On the Nonlinear Deformation Geometry of Euler – Bernoulli Beams[R]. NASA TP,1566,Apr. 1980.

[97] Hong, Chopra. Aeroelastic Stability Analysis of a Composite Rotor Blade[J]. Journal of the AHS,1985,30.

[98] Bir, Chopra. Development of UMARC (University of Maryland Advanced Rotorcraft Code) [J]. 46th Annual National Forum of the AHS, Washington, D. C. , 1990.

[99] Kosmatka J B, Friedmann P P. Structural Dynamic Modeling of Advanced Composite Propellers by the Finite Element Method[C]. AIAA Structures, Structural Dynamics, and Materials Conference, Monterey, California, 1987.

[100] Kaza, Kvaternik. Nonlinear Aeroelastic Equations for Composite Flapwise Bending, Chordwise Bending, Torsion, and Extension of Twisted Nonuniform Rotor Blade in Forward Flight[R]. NASA TM 74059,1977.

[101] Straub F K, Sangha K B, Panda B. Advanced Finite Element Modeling of Rotor Blade Aeroelasticity[J]. Journal of the AHS,1994,39(2).

[102] McCroskey W J. Vortex Wakes of Rotorcraft[C]. Paper 95 – 0530,33rd AIAA Aerospace Sciences Meeting and Exhibit, Reno, NV,1995.

[103] Leishman J G, Bagai A. Challenges in Understanding the Vortex Dynamics of Helicopter Rotor Wakes[J]. AIAA Journal,1998,36(7):1130 – 1140.

[104] Bhagwat M J, Leishman J G A. Correlation of Helicopter Rotor Tip Vortex Measurements[J]. AIAA Journal,2000,38(2):301 – 308.

[105] Lorber P F, Stauter R C, Hass R J, et al. Techniques for Comprehensive Measurement of Model Helicopter Rotor Aerodynamics[C]. 50th Forum of the American Helicopter Society, Washington D. C., 1994.

[106] 王适存. 徐国华. 直升机旋翼空气动力学的发展[J]. 南京航空航天大学学报,2001.

[107] 黄明其,武杰,何龙,等. 旋翼模型悬停状态桨尖涡特性[J]. 哈尔滨工业大学学报,2018,55(4):124-130.

[108] 杨永东,武杰. 悬停旋翼桨尖涡的试验研究[J]. 实验流体力学,2008.

[109] 黄明其,兰波,何龙,等. 旋翼模型垂直下降状态气动特性风洞试验[J]. 哈尔滨工业大学学报,2019,55(4):124-130.

[110] 袁红刚,李进学,杨永东,等. 前飞状态旋翼尾迹测量试验研究[J]. 实验流体力学,2008.

[111] Burley C L, Brooks T F, et al. Rotor Wake Vortex Definition – Initial Evaluation of 3-C PIV Results of the HART-II Study[C]. 28th European Rotorcraft Forum, Bristol England, 2002.

[112] Burley C L, Brooks T F, et al. Rotor Wake Vortex Definition Using 3C-PIV Measurements – Corrected for Vortex Orientation[C]. 9th AIAA/CEAS Aeroacoustics Conference and Exhibit, Hilton Head, South Carolina, 2003.

[113] Bhagwat M J, Leishman J G. Generalized Viscous Vortex Core Model for Application to Free-Vortex Wake and Aeroacoustic Calculations[C]. Proceedings of the 58th Annual Forum of the American Helicopter Society International, Montr'eal Canada, 2002.

[114] Vatistas G H, Kozel V, Mih W C. A Simpler Model for Concentrated Vortices[J]. Experiments in Fluids, 1991, 11:73-76.

内 容 简 介

本书是作者对多年来从事的直升机旋翼风洞试验技术和气动特性预先研究工作成果的总结。全书以直升机旋翼气动特性风洞试验研究为主线,深入阐述了与旋翼翼型、旋翼气动布局、旋翼流动机理及旋翼桨叶铰链力矩等研究相关的风洞试验技术,重点分析了在直升机悬停、前飞、垂直升降时旋翼的流动机理、气动特性以及旋翼和其他部件的气动干扰研究方面的成果和方法,初步构建了旋翼风洞试验研究数据处理、数据修正的基本方法和框架。

本书读者对象为从事直升机试验空气动力学研究的科技人员以及直升机工业部门的工程技术人员,也可以为直升机气动力研究的科技人员提供风洞试验研究方面的重要信息,希望成为直升机科研人员的重要参考书。

The content of this book is a summary of the author's previous research work on helicopter rotor wind tunnel test technology and aerodynamic characteristics. The book focuses on the wind tunnel test of helicopter rotor aerodynamic characteristics, The wind tunnel test techniques related to the research of rotor airfoil, rotor aerodynamic layout, rotor flow mechanism and rotor blade hinge moment are elaborated. The results and methods of rotor flow mechanism, aerodynamic characteristics and aerodynamic interference of rotor and other components in hover, forward flight and vertical lift of helicopter are emphatically analyzed. The basic method and framework of data processing and data correction for rotor wind tunnel test are preliminarily constructed.

The readers of this book are science and technology personnel engaged in helicopter test aerodynamics research and engineering and technical personnel of helicopter industry department. It can also provide important information on wind tunnel test research for helicopter aerodynamic research personnel, hoping to become an important reference book for helicopter researchers.

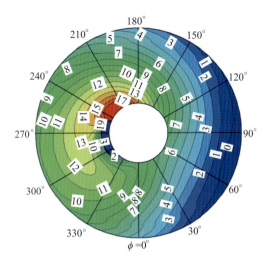

图1-9 某旋翼在 $\mu=0.3$ 状态时的迎角分布

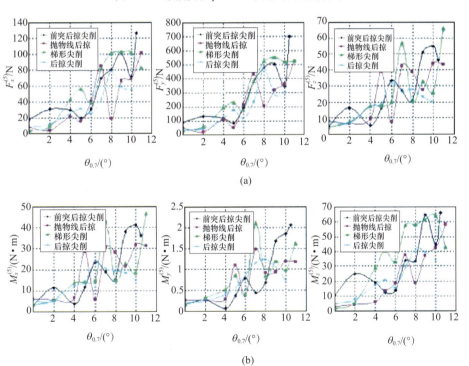

图4-24 悬停时旋翼力及力矩的五阶量幅值与总距的关系

彩页1

图 4-30 两副旋翼模型的桨叶

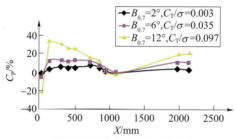

(a) 悬停时机身上中心线的压力分布

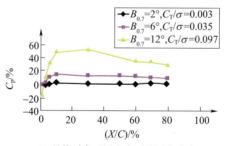

(b) 悬停时左平尾上表面的压力分布

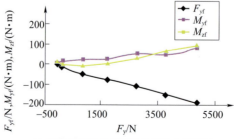

(c) 悬停时旋翼拉力对机身气动力的影响

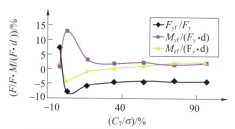

(d) 悬停时旋翼对机身气动力的干扰百分比

图 6-3 旋翼对机身的部分干扰结果

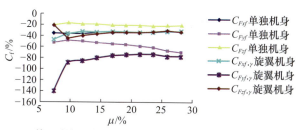

(a) 前飞时旋翼对机身气动力的影响 ($C_t=0.004846$)

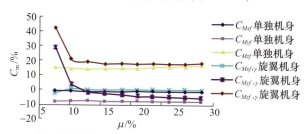

(b) 前飞时旋翼对机身气动力矩的影响 ($C_t=0.004846$)

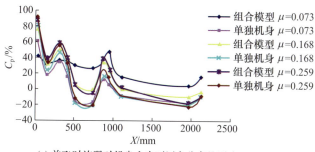

(c) 前飞时旋翼对机身上表面压力分布的影响

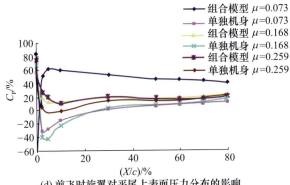

(d) 前飞时旋翼对平尾上表面压力分布的影响

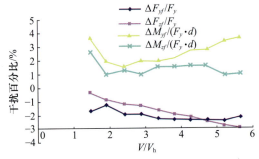

(e) 前飞时旋翼对机身气动力的干扰百分比 ($C_t=0.004846$)

图 6-5 等拉力系数配平前飞状态下旋翼对机身的影响结果

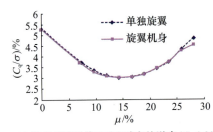

(a) 机身对旋翼前飞需用功率的影响 ($C_t=0.004846$)

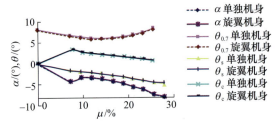

(b) 前飞时机身对旋翼操纵角的影响 ($C_t=0.004846$)

图 6-6 在等拉力系数配平前飞条件下机身对旋翼的影响结果

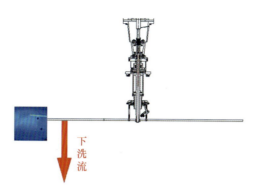

图9-7 拍摄视场相对于旋翼位置示意图

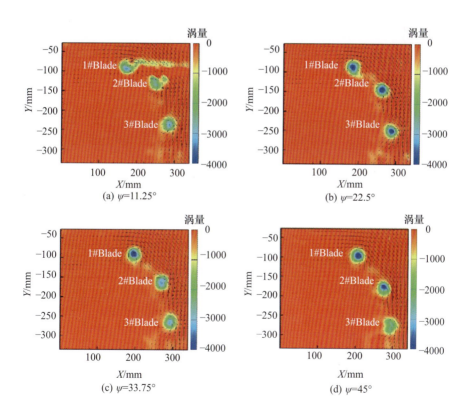

(a) $\psi=11.25°$
(b) $\psi=22.5°$
(c) $\psi=33.75°$
(d) $\psi=45°$

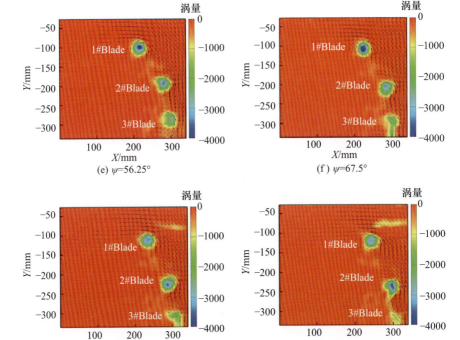

图 9-8　旋翼悬停状态桨叶不同方位角的涡量云图和速度矢量图

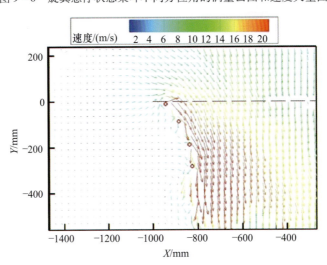

图 9-12　悬停状态速度矢量图

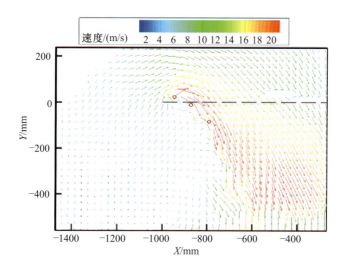

图 9 – 13 $V=3\text{m/s}$ 时垂直下降状态速度矢量图

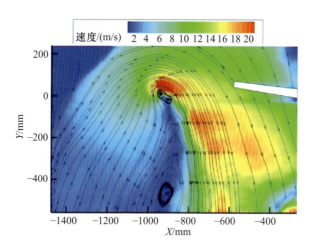

图 9 – 14 $V=3\text{m/s}$ 时垂直下降状态流线图

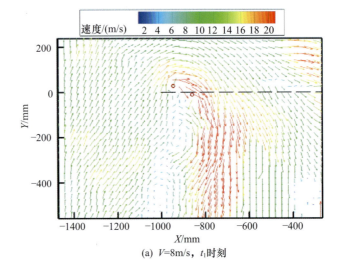

(a) V=8m/s，t_1时刻

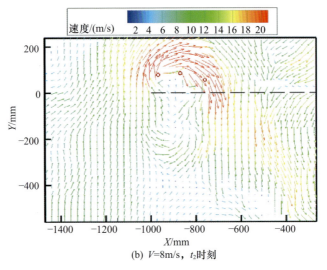

(b) V=8m/s，t_2时刻

图 9-15 垂直下降状态速度矢量图

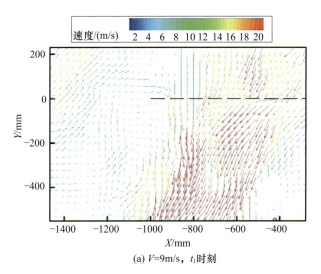

(a) $V=9$m/s,t_1时刻

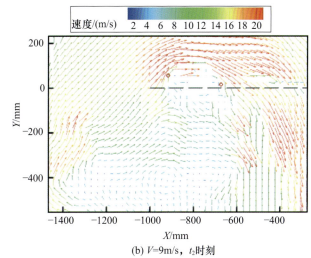

(b) $V=9$m/s,t_2时刻

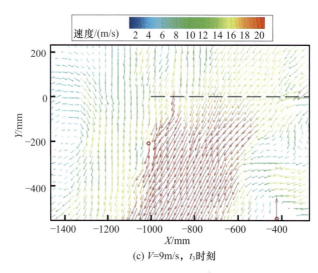

(c) $V=9\text{m/s}$,t_3时刻

图 9-16 垂直下降状态速度矢量图

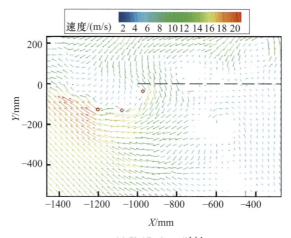

(a) $V=17\text{m/s}$,t_1时刻

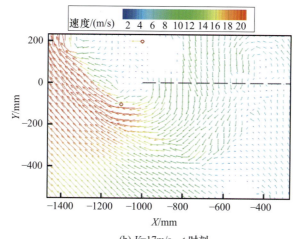

(b) $V=17$m/s,t_2时刻

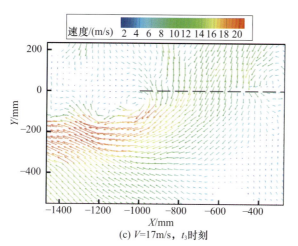

(c) $V=17$m/s,t_3时刻

图 9-17 垂直下降状态速度矢量图

彩页 11

图 9-18　前飞旋翼 PIV 测量试验

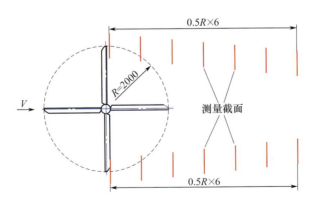

图 9-19　测量截面俯视示意图

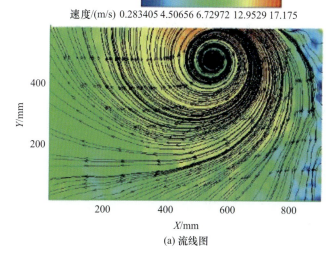

(a) 流线图

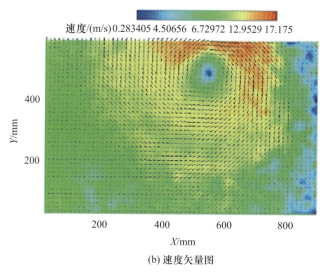

(b) 速度矢量图

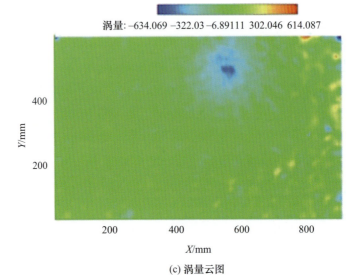

(c) 涡量云图

图 9-20　桨叶前行侧 PIV 测量结果

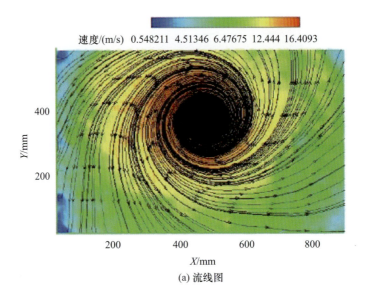

(a) 流线图

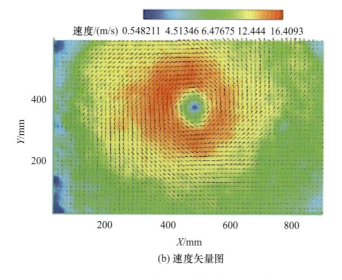

(b) 速度矢量图

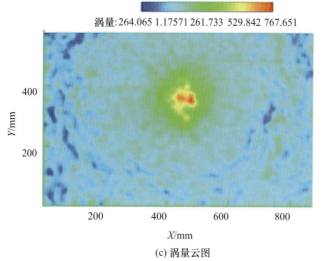

(c) 涡量云图

图 9-21　桨叶后行侧 PIV 测量结果

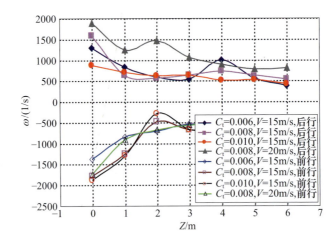

图 9-22 涡量大小随流向位置的变化

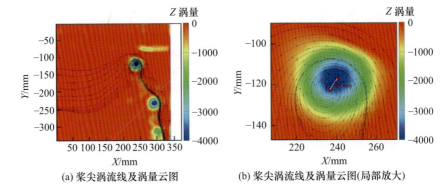

(a) 桨尖涡流线及涡量云图　　(b) 桨尖涡流线及涡量云图(局部放大)

图 9-25 旋涡叠加上平移速度后其旋转中心位置与涡量中心位置的差别

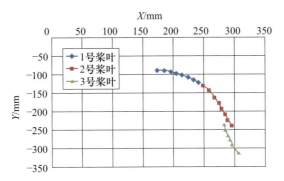

图 9-26 悬停状态桨尖涡位置测量值

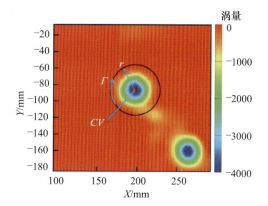

图 9-30 典型取 11.25°尾迹角桨尖涡的象限方向涡量-环量-诱导速度关系图示

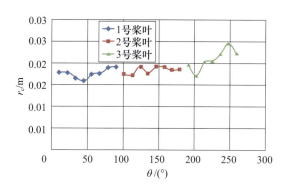

图 9-32 涡核半径变化

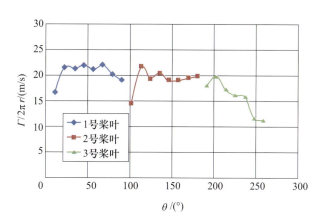

图 9-33 涡核最大诱导速度变化

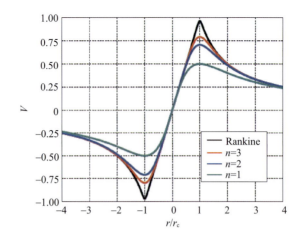

图 9-34　Vatistas 涡核模型中轴向诱导速度分布随 n 的变化

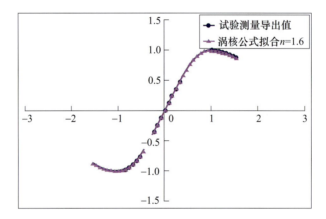

图 9-35　尾迹角 11.25° 状态下拟合出的曲线

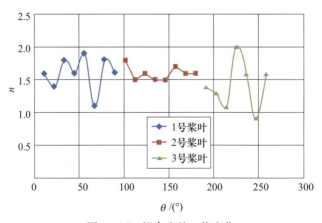

图 9-36　拟合出的 n 值变化